böhlau

Wissenschaft
Bildung
Politik

Herausgegeben von der

Österreichischen Forschungsgemeinschaft

Band 24

Modellbildung & Simulation in den Wissenschaften

Herausgegeben von

Wolfgang Kautek
Heinrich Schmidinger
Friederike Wall

BÖHLAU VERLAG WIEN KÖLN

Gedruckt mit Unterstützung durch:

Bundesministerium
Bildung, Wissenschaft
und Forschung

ÖFG ÖSTERREICHISCHE FORSCHUNGSGEMEINSCHAFT

Bibliografische Information der Deutschen Nationalbibliothek:
Die Deutsche Nationalbibliothek verzeichnet diese Publikation in der Deutschen Nationalbibliografie; detaillierte bibliografische Daten sind im Internet über https://dnb.de abrufbar.

Redaktion: Katharina Koch-Trappel, Wien
Satz und Layout: büro mn, Bielefeld
Druck und Bindung: Hubert & Co BuchPartner, Göttingen

Vandenhoeck & Ruprecht Verlage | www.vandenhoeck-ruprecht-verlage.com

ISBN 978-3-205-21578-3

Inhalt

Vorwort

Aus dem heutigen Wissenschaftsgeschehen sind Modellbildungen und Simulationen nicht mehr wegzudenken. Dies gilt für Grundlagenforschung und angewandte Forschung gleichermaßen – und dies in so gut wie allen wissenschaftlichen Disziplinen. Dass es überhaupt so weit gekommen ist, dass sowohl Modellbildung als auch Simulation zum mehr oder weniger zentralen Instrument wissenschaftlicher Methodik in den meisten Fachgebieten geworden ist, verdankt sich zweifellos den atemberaubenden Rechenleistungen der allgegenwärtigen Computertechnik, die nicht nur die komplexesten thematischen Zusammenhänge immer rascher bewältigt, sondern in etlichen Bereichen Experimente ersetzt, die sich aus welchen Gründen auch immer nicht durchführen ließen, ja diese überhaupt erst ermöglicht – man denke beispielsweise an die Erkenntnisse im mikro- oder makrophysikalischen Bereich. Die Auswirkungen dieser Entwicklung sprengen bekanntlich den binnenwissenschaftlichen Rahmen der Theoriebildung. In der öffentlichen Wahrnehmung scheint sich die Relevanz der wissenschaftlichen Beiträge zur Lösung vieler anstehender Probleme daran zu bemessen, wie erfolgreich sie sind, mittels Modellierung und Simulierung besagte Probleme in den Griff zu bekommen. Die Erwartungen seitens der Gesellschaft, die sich gegenwärtig, in Zeiten der Corona-Pandemie, an die Wissenschaften richten, illustrieren, was gemeint ist. Analoges gilt im Zusammenhang mit Herausforderungen in den Bereichen Klima, Ökologie, Weltbevölkerung, Sozialwesen, Wirtschaft, Gesundheit und anderem mehr. Jedenfalls verweist das Thema „Modellbildung und Simulation in den Wissenschaften" nicht etwa auf etwas Peripheres, dessen sich die diversen Disziplinen unter anderem bzw. dann und wann bedienen, im Gegenteil: Das Thema berührt vielmehr ein heute zentrales Element sowohl des Selbstverständnisses von Wissenschaft überhaupt als auch deren Wertschätzung seitens der gegenwärtigen Öffentlichkeit. Zu betonen ist freilich „heute" und „gegenwärtig", denn obwohl wenigstens „Modelle" seit Beginn der europäischen Wissenschaftsgeschichte eine wichtige Rolle beim Gewinnen von Erkenntnissen spielen, setzt sich die Überzeugung, dass das Betreiben von Wissenschaft wesentlich anhand von Modellierungen und Simulationen erfolgt, erst im 19. und 20. Jahrhundert durch.

Voraussetzung dafür wiederum war, dass sich die Prioritäten in den Zielsetzungen von „Wissenschaft" verschoben. Galt traditionell als deren unbestritten oberstes und emphatisch angestrebtes Ziel die argumentativ gesicherte Erkenntnis von Wahrheit, so trat im Zuge der zunehmenden Einsicht in die prinzipielle Schwierigkeit solchen Unterfangens immer mehr eine bescheidenere Zielformulierung in den Vordergrund – jene nämlich, dass es die primäre und allgemeine Aufgabe von Wissenschaft sei, schlicht Probleme zu lösen. Damit wurde das Streben nach wahrer Erkenntnis nicht aufgegeben, keineswegs, es empfahl sich jedoch, diesem Streben in kleineren, dafür aber erfolgversprechenderen Schritten nachzukommen. In gewisser Weise geschah dies bereits bei Kopernikus und seinem Vorschlag, die astronomische Geozentrik durch eine Heliozentrik zu ersetzen. Die Motivation zu diesem Paradigmenwechsel entsprang wesentlich der Einsicht, dass sich unter der Annahme des neuen heliozentrischen Modells schlagartig zahlreiche Probleme beheben ließen, die mit dem traditionellen geozentrischen Modell zunehmend unlösbar erschienen.

Dass es Anfang des 16. Jahrhunderts nicht gleich zu einem gewandelten Verständnis von Wissenschaft kam, welches sich über „Modellbildung" definiert, resultiert wohl daraus, dass die damaligen Wissenschaften außer im ethisch-pädagogischen, juristischen und politischen Bereich noch kaum anwendungsorientiert waren, so dass die reine „Schau" (*theoria*) der Wahrheit weiterhin den Ton angab. Abgesehen davon bedeutete „Modell" damals noch etwas anderes. Man verstand darunter zumeist ein normatives Ur- oder Vorbild, nach dem die gesamte Wirklichkeit gestaltet ist. Im Hinblick auf solche Ur- bzw. Vorbilder (die Ideen) formt der platonische Demiurg die Welt, ebenso ruft im Hinblick darauf der christliche Gott des Augustinus seine Schöpfung ins Leben. Derartige Modelle lassen sich menschlicherseits nicht entwerfen oder bilden, sie kommen ihm zuvor, können seinerseits daher nur aufgedeckt und erschaut werden. Daran änderte zunächst nicht einmal die nominalistische Erkenntniskritik, die seit dem 13. Jahrhundert stark um sich griff, etwas. Obwohl diese bekanntlich davon ausging, dass die menschliche Erkenntnisleistung viel höher einzuschätzen sei als bis dahin angenommen, sofern alles, was mit Allgemeinheit, Synthese, Ordnung, Norm oder Gesetz zu tun habe, aus dem menschlichen Verstand stamme, demnach der Natur nicht entnommen, sondern an sie herangetragen, ihr quasi übergestülpt werde. In diesem Zusammenhang fiel erstmals das Wort „Fiktion (*fictio*)", und der Mensch erschien im Hinblick auf seine kreative Erkenntnisfähigkeit als „zweiter Gott (*secundus deus*)". Trotzdem erhielt sich der Glaube, dass selbst diese Fiktionen letztlich einen aufdeckenden Charakter besaßen. Sie verhalfen am Ende dazu, den immer schon

„vor-geschriebenen“ Text des „Buches der Natur“ besser lesen zu können. Sie entschlüsselten darin einen Sinn, den Gott am Beginn seiner Schöpfung in dieses bereits hineingelegt hatte. Entsprechend verstanden selbst Naturphilosophen wie Kopernikus, Galilei, Kepler, Newton ihre Welterklärungsmodelle nicht als pragmatische Lösungsansätze, sondern als Enthüllungen des von Gott in die Natur eingestifteten Sinns.

Die Überzeugung, dass die Wissenschaft weniger zu enthüllen und zu erschauen, als schlicht Probleme zu lösen habe, und dies mit Hilfe von Modellen, die ausschließlich Ideen der Forschenden und nichts darüber hinaus darstellten, begann sich erst ab dem 19. Jahrhundert nach und nach zu verbreiten. Auslöser dürften wohl folgende Faktoren gewesen sein: Zunächst die Einsicht, dass sich der göttliche Sinn in der Natur, das normative göttliche Urmodell, durch die menschliche Erkenntnis prinzipiell nicht eruieren lasse, dass sogar gefragt werden müsse, ob es dergleichen überhaupt gibt. Außer dem Menschen – dem Wissenschaftler, der Wissenschaftlerin – modelliert niemand. Die metaphysische Dimension dieses Modellierungsaktes kommt abhanden, die Wissenschaften verzichten auf Metaphysik. Stattdessen gewinnt das wissenschaftliche Modellieren einen experimentellen, ja spielerisch-innovativen Charakter. Dementsprechend pragmatisch – von Fall zu Fall, bei auftretenden Problemständen – wird es eingesetzt. Sodann verstärkt sich mit zunehmender Neuzeit die Anwendungsorientierung der Wissenschaften. Das geschieht am Anfang und über längere Zeit nur in Disziplinen, deren Erkenntnisse sich in Technologien umsetzen lassen, in Physik und Chemie, aber auch Medizin. „Geisteswissenschaften“ wie beispielsweise Psychologie, Soziologie oder Pädagogik gliedern sich in diesen Trend ein, je mehr sie ihre Methoden empirisch ausrichten und eigene Formen von Prognostik entwickeln, die individuell und gesellschaftlich nutzbar gemacht werden können. Spätestens die Ökonomisierung des gesamten Hochschulwesens Ende des 20. Jahrhunderts treibt die allermeisten Disziplinen auf diese Bahn. Nichts kommt diesem Trend so entgegen, wie der pragmatische Einsatz von Modellierungen und Simulationen. Schließlich und nicht zuletzt ist es die ungeahnte Entwicklung der Mathematik, die es gestattet, immer mehr Bereiche der Wirklichkeit nicht bloß darzustellen, sondern „regelrecht“ zu berechnen. Wo selbst diese Entwicklung in Technologie mündet, was bekanntlich über die Informatik im breitesten Maße geschieht, wo in anderen Worten die Computertechnik zum zentralen Instrument fast jeglichen Erkenntnisgewinns und so gut wie jeder Wissensverarbeitung wird, kommt faktisch keine Wissenschaft in ihrer Wissensgenerierung ohne Modellbildung und Simulation mehr aus.

Die in diesem Band gesammelten Beiträge – sie gehen allesamt auf Vorträge zurück, die anlässlich des Wissenschaftstages der Österreichischen Forschungsgemeinschaft am 21. und 22. Oktober 2021 auf Schloss Weikersdorf in Baden bei Wien zum Thema „Modellbildung und Simulation in den Wissenschaften" gehalten und diskutiert wurden – werfen einen Blick auf den gegenwärtigen Stand der geschilderten Entwicklung in einzelnen Wissenschaftsbereichen. Der Grundintention der Österreichischen Forschungsgemeinschaft gemäß tun sie dies aus interdisziplinärer Perspektive. Dabei informieren sie nicht nur über die aktuelle Relevanz, die dem Thema „Modellbildung und Simulation" in der jeweiligen Disziplin zukommt. Sie geben ebenso Einblick in die damit verbundenen fachspezifischen Problemstellungen. Darüber hinaus berühren sie gemeinsam fundamentale Fragen wie – unter anderen – jene, ob sich durch Modelle und Simulationen tatsächlich vereinfachte Abbilder realer Zusammenhänge und Entwicklungen erkenntnisleitend gewinnen lassen, oder jene, wie die durch Modelle und Simulationen einhergehenden Vereinfachungen mit immer komplexer werdenden wissenschaftlichen Diskursen in Einklang gebracht werden können. Daran schließen sich Fragen wie diese an: Welche Probleme entstehen bei Simulationen von Prozessen der unbelebten und belebten Natur? Können formale Modelle auch in den Geistes- und Kulturwissenschaften neue Einsichten vermitteln? Welche Einsichten liefern Simulationen sozialer Prozesse in wirtschaftliche und soziale Zusammenhänge? Welche Grenzen und Gefahren der Verwendung von Modellen und Simulationen für individuelle und politische Entscheidungen gibt es?

Wie stets war der Wissenschaftstag 2021 das Ergebnis gemeinsamer Vorbereitungsarbeit im Wissenschaftlichen Beirat der Österreichischen Forschungsgemeinschaft, die angesichts des interdisziplinären Charakters des gewählten Themas eine besonders breite Beteiligung der Beiratsmitglieder erforderlich machte. Den Kolleginnen und Kollegen des Beirats gebührt dafür der Dank der Herausgeberin und der Herausgeber dieses Buches. Gleiches gilt für die Referentinnen und Referenten für ihre Zusammenarbeit sowie Frau Katharina Koch-Trappel, MSc, für die engagierte Betreuung des Projekts einschließlich der Bemühungen um die Drucklegung der hier gesammelten Beiträge.

Wien, im April 2022

Heinrich Schmidinger
Wolfgang Kautek
Friederike Wall

Ursprung und Funktionen wissenschaftlicher Modellbildung

Perspektiven der Wissenschaftstheorie

Axel Gelfert

Ob Klimawandel oder Pandemieentwicklung, Modellrechnungen zum Steueraufkommen oder städtebauliche 3D-Modelle: Modelle sind als Gegenstand und Grundlage gesellschaftlicher Diskussionen allgegenwärtig. In Verbindung mit Computersimulationen und darauf basierenden Visualisierungen machen Modelle zunehmend eine wichtige Schnittstelle zwischen Wissenschaft und Öffentlichkeit aus. Wissenschaftsintern kommt der Modellierung eine Schlüsselfunktion zu, auch und gerade dort, wo die „klassischen" Erkenntnisformen der Beobachtung und der Theorie an ihre Grenzen stoßen. Trotz dieser zentralen Rolle werden wissenschaftliche Modelle noch immer oft als bloß behelfsmäßige Notlösungen behandelt, auf die wir zwar für praktische Zwecke angewiesen sind, am liebsten jedoch verzichten würden. Im Folgenden soll der Versuch unternommen werden, Modelle als eigenständige Erkenntnisinstrumente zu rehabilitieren, deren Wert sich nicht allein danach bemisst, inwieweit sie auf zu Grunde liegende fundamentale Theorien zurückgeführt werden können. Wissenschaftliche Modelle dienen einer Reihe unterschiedlicher Funktionen, die nicht immer spannungsfrei miteinander koexistieren; diese Pluralität anzuerkennen, ohne dabei die verbindenden Charakteristika von Modellierung als eigenständiger wissenschaftlicher Methodik aus den Augen zu verlieren, ist die Grundmotivation für die folgenden Überlegungen. Nach einer Diskussion zu den Ursprüngen des Modellbegriffs und der Methodik des wissenschaftlichen Modellierens werden die verschiedenen Funktionen und Verwendungen wissenschaftlicher Modelle zunächst in eine (vorläufige) Taxonomie gebracht, ehe die Frage untersucht wird, ob – und wie – wir wissenschaftlichen Modellen Vertrauen schenken können.

1. Was sind Modelle? Was ist Modellierung?

Jeder Versuch, den wissenschaftlichen Modellbegriff allein durch Rückgriff auf den Sprachgebrauch zu klären, stößt schnell und zwangsläufig an seine Grenzen. Sprachgeschichtlich wird der Ausdruck „Modell" oft über mehrere Zwischenschritte auf das von Vitruv in seinen *Decem Libri de Architectura* mehrfach verwendete Wort *modulus* zurückgeführt, das ein (jeweils zu bestimmendes) Grundmaß für die Anfertigung architektonischer Entwürfe bezeichnete. Die Bestimmung eines solchen Grundmaßes sollte einerseits alle Bestandteile und Größen eines Bauwerks kommensurabel machen, andererseits die Harmonie zwischen Teil und Ganzem sicherstellen und damit die ästhetische Qualität des Gesamtkonstrukts gewährleisten.[1] In dieser Grundvorstellung angelegt sind zwar bereits wesentliche Bestandteile späterer Ausformungen des Modellbegriffs – das Element der Repräsentation (hier prospektiv in der Form eines Entwurfs von erst noch zu Erschaffendem), die Idee der Komplexitätsreduktion (durch Reduktion der Gesamtzahl der in Erwägung zu ziehenden Möglichkeiten) – doch war es ein weiter Weg von diesem spezifischen Anwendungskontext über Wortformen wie *modul, model* oder *modello* (wie in der bildenden Kunst der Renaissance vorbereitende, meist kleinformatige, jedoch schon detailreiche Vorstudien künstlerischer Werke genannt wurden) zu einem verallgemeinerten, oft abstrakten Modellbegriff, der der heutigen Wissenschaft angemessen ist.

Die Polysemie des Worts „Modell" setzt sich bis heute fort und bleibt selbst nach Absonderung alltagssprachlicher Bedeutungen bestehen. Weiter verkompliziert wird die Lage durch die oft unberücksichtigt bleibende Unterscheidung zwischen dem *Begriff* des wissenschaftlichen Modells einerseits und der *Methodik* des wissenschaftlichen Modellierens. Nicht jeder Gebrauch von etwas, das aus heutiger Sicht als wissenschaftliches Modell bezeichnet werden könnte, stellt deswegen bereits einen Fall wissenschaftlicher Modellierung dar. Dies betrifft nicht nur sachfremde Verwendungen – z. B. die eines Astrolabiums als Briefbeschwerer – sondern durchaus auch wissenschaftliche, auf Erkenntnis zielende Kontexte. Wie die Wissenschaftshistoriker Giora Hon und Bernard Goldstein es treffend ausdrücken: *„That a model (a concept) is invoked in some scientific discussion does not mean that the methodology applied is modeling."*[2] Ein

1 Vgl. hierzu Bernd Mahr, Cargo: *Zum Verhältnis von Bild und Modell.* In: Ingeborg Reichle, Steffen Siegel, Achim Spelten (Hg.), Visuelle Modelle, München 2008, 17–40.

2 Giora Hon, Bernard R. Goldstein, *Maxwell's Role in Turning the Concept of Model into the Methodology of Modeling.* In: Studies in History and Philosophy of Science 88 (2021), 332.

wie auch immer geartetes Repräsentationsmittel – sei es ein Gleichungssystem, eine physisch realisierte Replika oder eine mentale Repräsentation – wird erst in einem geeigneten Kontext der Erkenntnisgewinnung zu einem Beispiel wissenschaftlicher Modellierung; dass wir auch außerhalb eines solchen Kontextes die entsprechenden Repräsentationsmittel oft „Modelle" nennen, zumal wenn wir uns ihrer möglichen Verwendung in Modellierungszusammenhängen bewusst sind, ist einerseits verständlich, trägt andererseits jedoch zur allgemeinen, aus unserem Sprachgebrauch resultierenden begrifflichen Unschärfe bei.

Ludwig Boltzmann (1844–1906) definiert den Begriff „*model*" in seinem 1902 in der *Encyclopedia Britannica* erschienenen Lexikoneintrag folgendermaßen:

> Model: a tangible representation, whether the size be equal, or greater, or smaller, of an object which is either in actual existence, or has to be constructed in fact or in thought. More generally it denotes a thing, whether actually existing or only mentally conceived of, whose properties are to be copied.[3]

Zwei Aspekte von Boltzmanns Definition sind hervorzuheben. Zum einen ist in ihr eine Gleichbehandlung konkreter (materieller) Modelle („tangible representations") und abstrakter (mentaler) Modelle („mentally conceived of") angelegt; zum anderen betont er das konstruktive Element der Modellbildung („constructed in fact or in thought"). So verstanden sind Modelle nicht in erster Linie bloß vereinfachte Nachbildungen der zur repräsentierenden Zielsysteme. Vielmehr zeichnen sie sich dadurch aus, dass ihnen durch den Konstruktionsprozess Eigenschaften eingeschrieben sind, die ihrerseits gewissermaßen auf die Welt projiziert werden können („a thing … whose properties are to be copied"). Das Modell ist nicht mehr bloß die Kopie eines Ausschnitts der Realität, sondern dient als ein Mittel, dem repräsentierten Gegenstand entsprechende Eigenschaften zuzuschreiben. So bringt Boltzmann das Verhältnis von Modell und Wirklichkeit folgendermaßen auf den Punkt: „*On this view our thoughts stand to things in the same relation as models to the objects they represent.*" Insoweit unser gesamtes Wissen von der Welt gedanklich vermittelt ist, könnte man – dabei nur geringfügig über Boltzmann hinausgehend – argumentieren, dass nahezu unser gesamtes wissenschaftliches Wissen mindestens indirekt auf wissenschaftliche Modelle angewiesen ist.

3 Ludwig Boltzmann, *Model.* In: *Encyclopaedia Britannica*, 10. Auflage. (1902); ohne Änderungen wiederabgedruckt in der 11. Aufl. (1911). New York 1911, 638.

Als Gewährsmann für seine Überlegungen zieht Boltzmann den englischen Physiker James Clerk Maxwell (1831–1879) heran, dessen mechanisches Äthermodell den Boden für die später von ihm selbst ausgearbeitete moderne Theorie des Elektromagnetismus bereitet hatte. Die Analyse und Erklärung elektrischer und magnetischer Phänomene stand zunächst vor scheinbar unüberwindlichen Schwierigkeiten, weil völlig unklar war, wie das Substrat dieser Phänomene beschaffen sein müsste, um die Vielfalt von neuen Beobachtungen und Zusammenhängen zu erklären. Boltzmanns Darstellung zufolge gelang es Maxwell, diese Schwierigkeiten dadurch zu umschiffen, dass er zwei Gedankenbewegungen kombinierte. Wenn zum einen die „wahre Natur der Form" der die Phänomene ausmachenden Konstituenten völlig unbekannt war („absolutely unknown"), sollte es doch den Versuch wert sein, zu erforschen, wie weit ein Erklärungsversuch auf der Basis rein mechanischer Prozesse („a conception of purely mechanical processes") hilfreich sein könnte. Zum anderen sah Maxwell davon ab, den so postulierten mechanischen Prozessen jedwede Realität zuzuschreiben; sie seien lediglich „mechanische Analogien" – bloße Mittel zum Zweck, die beobachteten Phänomene innerhalb einer theoretischen Beschreibung zu reproduzieren. Aus der erfolgreichen Beschreibung beobachteter Phänomene mittels derartiger mechanischer Modelle erwachse, anders als in vergangenen Fällen wissenschaftlicher Theoriebildung, nicht länger der Anspruch, den vom Modell postulierten Entitäten und Prozessen unabhängige Realität zuzuschreiben; vielmehr gehe es allein darum, tragfähige Analogien zu entwickeln und bestenfalls partielle Ähnlichkeiten zwischen Modell und Wirklichkeit freizulegen.[4]

Dass selbst diese im Modus des Hypothetischen verbleibende Einführung mechanischer Analogien und Modelle seinerzeit die Gemüter erhitzte, lässt sich durch folgendes Zitat Pierre Duhems illustrieren, der die nach theoretischer Vereinheitlichung strebende „kontinentale Physik" mit der hemdsärmeligen, modellbasierten „englischen Physik" kontrastiert, und zwar durchaus mit einer Prise Herablassung:

> Vor uns liegt ein Buch, das die modernen Theorien der Elektrizität darlegen will. Es ist darin nur die Rede von Seilen, die sich auf Rollen bewegen, sich um Walzen winden, durch kleine

4 Wie Hon und Goldstein (vgl. Fußnote 2) darlegen, stellt Boltzmann die Position Maxwell nicht ganz richtig dar: Maxwell verfährt anfangs noch nach dem Vorbild von Hypothesenbildung und entwickelt erst später ein Verständnis von Modellierung als eigenständiger Methodik, die auf die Theoriebildung zurückwirkt.

Ringe hindurchgehen und Gewichte tragen, von Röhren, deren manche Wasser aufsaugen, andere anschwellen und sich wieder zusammenziehen, von Zahnrädern, die ineinander eingreifen oder an Zahnstangen geführt werden; wir glaubten in die friedliche und sorgfältig geordnete Behausung der deduktiven Vernunft einzutreten, und befinden uns in einer Fabrik.[5]

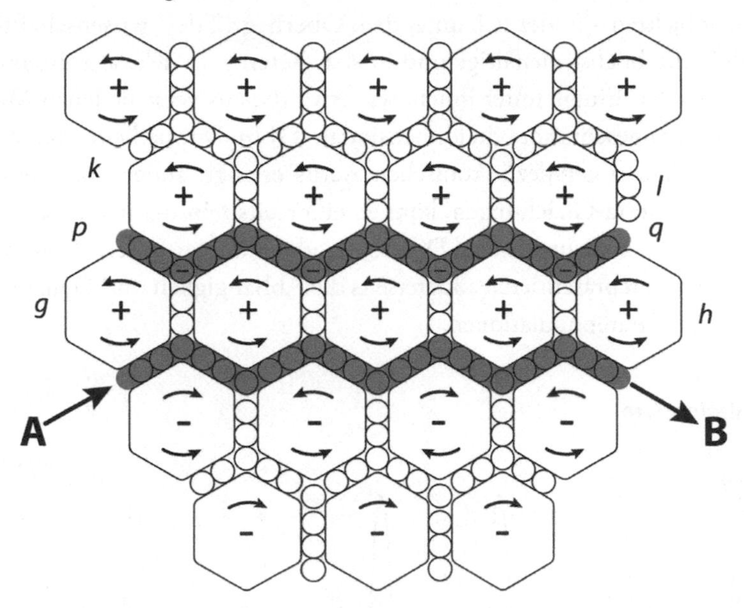

Abb. 1 Maxwells Mechanisches Äthermodell (Bildrechte liegen beim Verfasser / Axel Gelfert).

Der Vorwurf, der exzessive Gebrauch von Modellen sei dem theoretischen Anspruch der Wissenschaft abträglich und liefere bestenfalls eine Art Pseudo-Anschaulichkeit, durchzieht die Debatte über wissenschaftliche Modelle bis heute. Mag er auch in Einzelfällen legitim sein, so ist jedoch – nicht zuletzt vor dem Hintergrund des immensen Erfolgs von Modellen bei der Generierung neuer wissenschaftlicher Einsichten und Erkenntnisse im Laufe der letzten Jahrzehnte – fraglich, ob eine derartige Generalkritik nicht womöglich der Sache der Wissenschaft abträglich ist.

Denn seit den Ursprüngen des wissenschaftlichen Modellbegriffs und der Ausbildung einer methodisch eigenständigen wissenschaftlichen Praxis der Modellierung in der zweiten Hälfte des 19. Jahrhunderts hat sich die Anzahl etablierter wissenschaftlicher Modelle und Modelltypen auf geradezu frappierende Weise vervielfacht. Neben jenen Typen und Verwendungen von Modellen,

5 Pierre Duhem, *Ziel und Struktur physikalischer Theorien*, Hamburg 1978 (Nachdruck der Ausgabe von 1908), 88.

die auch einem Wissenschaftler des späten 19. Jahrhunderts bekannt vorgekommen wären – etwa den genannten mechanischen Analogien, aus fundamentalen Theorien abgeleiteten Modellgleichungen (wie etwa der des idealen Pendels) und natürlich den didaktischen Gebrauch von materiellen Modellen als Schauobjekten – findet sich unter dem Oberbegriff des „wissenschaftlichen Modells“ eine höchst vielfältige und in sich heterogene Klasse epistemischer Objekte wieder. Einige unter ihnen, wie etwa die aus verschiedenen Materialien zusammengeschraubte dreidimensionale DNA-Doppelhelix von Watson und Crick, haben geradezu ikonischen Status erlangt; andere, beispielsweise die Lotka-Volterra-Gleichungen, können einerseits rein mathematisch als die Kopplung zweier nicht-linearer Differentialgleichungen erster Ordnung aufgefasst werden, repräsentieren andererseits die Abhängigkeit und Dynamik von Räuber- und Beutepopulationen.

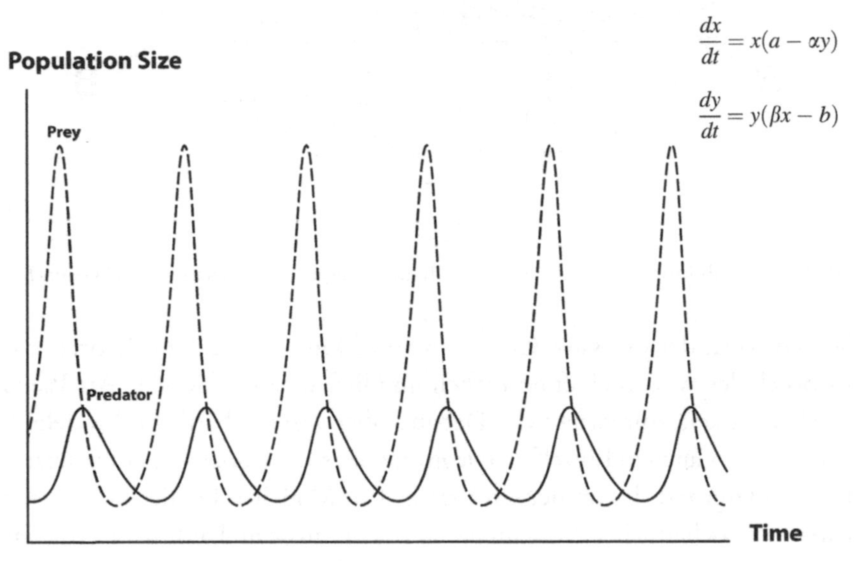

Abb. 2 Lotka-Volterra-Modell von Räuber-Beute-Populationen (Bildrechte liegen beim Verfasser/ Axel Gelfert).

Wieder andere Modelle kombinieren theoretische Annahmen über die Beschaffenheit des Untersuchungsobjekts mit visuell-diagrammatischen Elementen. So wird zum Beispiel das aus der Zellbiologie bekannte Flüssig-Mosaik-Modell, das die Grundstruktur der Zellmembran als von Proteinen und Ionenkanälen durchsetzte Lipid-Doppelschicht konzipiert, meist zeichnerisch dargestellt als Querschnitt durch einen Membransektor, der alle wesentlichen Elemente – so z. B. die erwähnten Ionenkanäle – einschließt. Die Lipide werden dabei als runder „Kopf" mit langem kohlenstoffbasiertem „Schwanz" dargestellt, wodurch auf diagrammatische Konventionen aus anderen Disziplinen, z. B. der Chemie, verwiesen wird. Auch wenn das Flüssig-Mosaik-Modell weit mehr als nur die zeichnerische Darstellung der Zellmembran umfasst, darunter hochkomplexe Annahmen über die Funktionsweise und das Zusammenspiel der einzelnen Membranbestandteile, so wird all dies für jeden mit der Zellbiologie Vertrauten unmittelbar durch die grafische Darstellung aufgerufen.

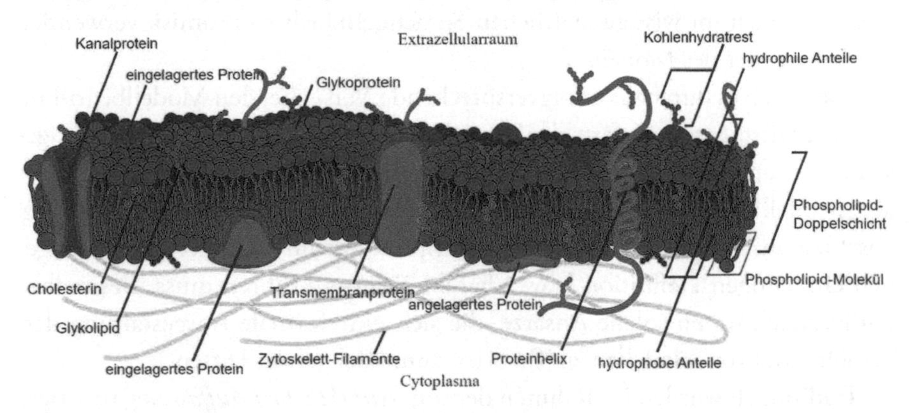

Abb. 3 Flüssig-Mosaik-Modell der Zellmembran (Bildrechte: gemeinfrei, Quelle: Wikimedia Commons, Urheber: LadyOfHats).

Handelt es sich beim Flüssig-Mosaik-Modell trotz des durch die bildhafte Darstellung suggerierten Realismus noch immer um eine Idealisierung, so steht etwa im Falle von Modellorganismen ein voll entwickeltes, wenn auch durch Züchtung geschaffenes Lebewesen in seiner ganzen empirischen Komplexität Modell für ein zu untersuchendes Zielphänomen. Bei letzterem kann es sich z. B. um ein (menschliches) Krankheitssyndrom handeln, das am (tierischen) Modell untersucht werden soll. Ein prominentes Beispiel für ein tierisches Modellsystem ist die Mitte der 1980er Jahre von Stewart und Leder erzeugte (und später patentierte) „OncoMouse", das erste vom Menschen geschaffene transgene Tier, das durch Überführung dominanter Onkogene in Labormäuse entstanden war, die wiederum unter den Einfluss hochaktiver Promotoren gebracht worden waren, so dass die so manipulierten Tiere eine hohe Prädisposition zur Ausbildung verschiedener Karzinome aufweisen. Je nach Onkogen können die so geschaffenen Onkomäuse als Modell unterschiedlicher – auch im Menschen auftretender – Krebstypen aufgefasst werden.

Was aber hat nun die OncoMouse mit der Watson-Crick-Doppelhelix und diese wiederum mit den Lotka-Volterra-Gleichungen gemein? Inwieweit sind alle drei Beispiele für dieselbe wissenschaftliche Wissensform – also dafür, was ein wissenschaftliches Modell *im Allgemeinen* ausmacht? Im Hintergrund steht hierbei nichts anderes als die ontologische Frage danach, was – auf fundamentaler Ebene – denn nun ein Modell im eigentlichen Sinne sei. Dass es auf diese Frage womöglich keine befriedigende Antwort geben würde, ahnte bereits in der Mitte des letzten Jahrhunderts der amerikanische Philosoph Nelson Goodman (1906–1998), der beklagte, es gebe „wenige Begriffe, die im populären wie auch im wissenschaftlichen Sprachgebrauch so promisk verwendet werden wie der des Modells".[6]

Dabei gab es durchaus erfolgversprechende Versuche, den Modellbegriff in wissenschaftstheoretisch-formaler Hinsicht zu vereindeutigen – auch wenn angesichts der rapiden Erweiterung dessen, was auf wissenschaftspraktischer Ebene als „Modell" bezeichnet wird, jeder Versuch einer solchen Vereindeutigung absehbar zu Kontroversen über die deskriptive Adäquatheit der vorgeschlagenen eindeutigen Definition bzw. Charakterisierung führen muss. Besonders einflussreich waren solche Ansätze, die sich eine formale Ausgestaltung des Verhältnisses von Modellen zu Theorien zum Ziel gesetzt hatten.

Traditionell wurden im Rahmen der sog. *syntaktischen Auffassung* Theorien als Menge von miteinander in einem logisch-deduktiven Zusammenhang stehenden Aussagen aufgefasst. Als „Modell" wurden in diesem Kontext Regeln zur Interpretation eines Kalküls (bzw. im engeren Sinne jeweils *eine* solche, in sich stimmige Interpretation) bezeichnet, während die in der Wissenschaftspraxis gebräuchliche Vorstellung, Modelle hätten oft analogischen Charakter und könnten als Näherungen oder Anwendungen der Theorie auf spezifische Situationen betrachtet werden, wenig Berücksichtigung fand.[7] Entsprechend dieser Auffassung wäre ein Modell dadurch charakterisiert, dass es die Basis darstellt für *eine* mögliche Interpretation einer vorgegebenen Menge theoretischer Aussagen, unter der diese als axiomatisch wahr angesehen werden können. Verkürzt ausgedrückt: Ein Modell definiert gewissermaßen eine (u. U. kontrafaktische) „Modellwelt", innerhalb derer die Axiome einer Theorie konsistent als wahr angenommen werden können. So wären die Modellgleichungen des

6 „Few terms are used in popular and scientific discourse more promiscuously than ‚model'." – Nelson Goodman, *Languages of Art*, Indianapolis 1976, 171.

7 Dass es zu kurz greifen würde, der klassischen Wissenschaftstheorie pauschal eine Vernachlässigung wissenschaftlicher Modellbildung vorzuwerfen, legt u. a. folgender Aufsatz dar: Sebastian Lutz, *On a Straw Man in the Philosophy of Science: A Defense of the Received View*. In: HOPOS. The Journal of the International Society for the History of Philosophy of Science 2 (2012) 77–119.

idealen Pendels eine – aber eben nur *eine* – Realisierung der Newtonschen Theorie, deren Axiome die bekannten Newtonschen Grundgesetze sind. Die *semantische* Auffassung geht einen Schritt weiter und charakterisiert Theorien und Modelle nicht länger als sprachliche Gebilde – auch nicht als formalsprachliche – sondern als *abstrakte Strukturen*, die bestimmte theoretische Grundannahmen respektieren und darüber hinaus in einem bestimmten Verhältnis zur Welt stehen. So verstanden sind Modelle nicht nur Auslegungen (oder Realisierungen) einer vorgegebenen Theorie, sondern sind vor allem auch Modelle von etwas in der Welt. Theoretische Modelle rücken damit in den Fokus der philosophischen Beschreibung wissenschaftlicher Theoriebildung, und dies so sehr, dass bisweilen der Theoriebegriff selbst als sekundär und bloß abgeleitet verstanden wird: „*A scientific theory is best thought of as a collection of models*“, lautet ein oft zitierter Slogan, der die semantische Auffassung vom Verhältnis zwischen Theorien und Modellen auf den Punkt bringt.[8]

Auch wenn der semantischen Auffassung eine größere Affinität zu Modellen und damit eine größere Nähe zur wissenschaftlichen Praxis nachgesagt wird, so bleibt die Vorstellung von Modellen als abstrakten Strukturen dennoch hinter der – sehr heterogenen – Wissenschaftspraxis zurück. Dies betrifft insbesondere die Vorstellung davon, wie Modelle auf ihre Zielsysteme in der Welt Bezug nehmen. So wird die Verbindung zwischen Modell und Zielphänomen nach Art einer mathematischen Abbildung vorstellt: genauer gesagt als (wenigstens partieller) Isomorphismus. Jedem Element des Modells soll ein Element im wirklichen Zielsystem eineindeutig zugeordnet werden können, so dass sich die Abbildung auch umkehren lässt. Mag dies für die Physik noch hier und da plausibel sein, zumindest dort, wo man berechtigter Hoffnung sein kann, sich auf eine präzise und umfassende Theorie stützen zu können, die noch dazu hochgradig mathematisierbar ist, so erscheinen vom Standpunkt anderer Disziplinen – wie etwa der Geologie oder der Ökologie – sowohl die Privilegierung mathematischer Beschreibungsweisen als auch das doppelte Ideal der Vollständigkeit und Eineindeutigkeit als wagemutig.

Ihre Anfangsplausibilität beziehen die diskutierten wissenschaftstheoretisch-formalen Versuche der Vereindeutigung des Modellbegriffs daraus, dass sie sich auf ein – womöglich vages – vortheoretisches Einvernehmen darüber stützen können, dass Modelle in vielen Fällen bestimmte Aspekte der Realität widerspiegeln sollten. Jedoch wäre es ein Fehlschluss zu glauben, dass wir darum

8 Vgl. hierzu z. B. Patrick Suppes, *A Comparison of the Meaning and Uses of Models in Mathematics and the Empirical Sciences*. In: Synthese 12 (1960), 287–301.

Modelle stets und ausschließlich nach dem Vorbild mathematischer Abbildungen betrachten müssten. Hinzu kommt, dass nicht alle Modelle reale Zielsysteme abbilden oder repräsentieren, sondern dass Modelle oft auch dazu dienen, Möglichkeiten oder kontrafaktische Szenarien auszuloten. Die Vorstellung, Modelle würden auf eineindeutige Weise einen vorgegebenen Teilbereich der Realität abbilden, wird also mindestens dadurch verkompliziert, dass Modelle auch dann eine zentrale Rolle in der Wissenschaft spielen, wenn es – wie im Fall kontrafaktischer Erwägungen – keinen abbildbaren Teilbereich der Realität gibt oder wenn noch ungeklärt ist, ob es sich bei dem vermeintlichen Zielsystem um ein reales Phänomen handelt (und nicht etwa um Hintergrundrauschen, eine Verkettung von Zufällen oder ein anderweitiges nicht-reproduzierbares Artefakt der verwendeten Untersuchungsmethoden). Die Güte eines Modells lässt sich also nicht dadurch feststellen, dass man – naiv gesprochen – das Modell neben das Zielsystem legt und vergleicht, wie ähnlich sich die beiden sind. Lässt sich ein empirisch reales Zielsystem ausmachen, so wird ein Modell zwar nur insoweit als dessen erfolgreiche Repräsentation gelten können, wie es in der richtigen Relation zu ihm steht, doch ist die Güte eines Modells nicht allein eine Sache der Beziehung zwischen *model* und *target*, sondern hängt mindestens auch von der Beziehung zum Modellbenutzer (*user*) ab.

Die Idee, dass Modellen auch eine pragmatische Dimension zukommt – mit anderen Worten, dass sie als Erkenntnisinstrumente für konkrete Benutzer fungieren – hat eine lange Tradition, die bereits in der oben diskutierten formativen Phase des Modellierens als eigenständiger wissenschaftlicher Methodik aufscheint. Nichts anderes deutet Boltzmann an, wenn er Maxwell die Vorstellung zuschreibt, Modelle seien „Mittel zur Hervorbringung von Phänomenen" (*means by which phenomena could be reproduced*)[9], die in relevanter Hinsicht realen Systemen ähneln; Modelle sind also für den *Gebrauch* konzipiert. Eine systematischere Diskussion erfährt dieser Aspekt unter anderem in der Allgemeinen Modelltheorie Herbert Stachowiaks (1921–2004), der, ausgehend von der Feststellung, dass Modelle „ihren Originalen [=Zielsystemen] nicht *per se* eindeutig zugeordnet" sind, den Modellbegriff eng mit der Pragmatik ihres Gebrauchs verknüpft:

> Modelle sind nicht nur Modelle *von etwas*. Sie sind auch Modelle *für jemanden*, einen Menschen oder einen künstlichen Modellbenutzer.[10]

---

9 Siehe Fußnote 3.

10 Herbert Stachowiak, *Allgemeine Modelltheorie*, Wien/New York 1973, 133.

Als solche sind sie sowohl zeitlich als auch an einen Zweck gebunden, und eine um Vollständigkeit bemühte Charakterisierung muss nicht nur beantworten können, „*wovon* etwas Modell ist, sondern auch, *für wen*, *wann* und *wozu* bezüglich seiner je spezifischen Funktionen es Modell ist".[11]

In den letzten Jahren hat die pragmatische Dimension wissenschaftlicher Modelle neue Aufmerksamkeit erfahren, indem sie als multifunktionale *epistemische Werkzeuge* (engl. „epistemic tools"/„epistemic artefacts") charakterisiert wurden. Die traditionelle Fokussierung auf die repräsentationale Funktion von Modellen stellt dieser Auffassung nach eine unzulässige Verengung dar, die weder die vielfältige Genese und Anwendung wissenschaftlicher Modelle widerspiegeln kann, noch den – mitunter einander zuwiderlaufenden – Zielsetzungen der wissenschaftlichen Praxis gerecht wird. Zwar können Modelle durchaus repräsentational gebraucht werden, doch ist dies eben nur eine von verschiedenen legitimen Verwendungsarten. So fordert etwa Tarja Knuuttila eine Abkehr von der Fixierung auf die „dyadische" Modell-Zielsystem-Beziehung, die stattdessen durch eine Art Dreiecksbeziehung zwischen Modell, Zielsystem und Nutzer abgelöst werden soll. Damit verbunden ist die Aufwertung des Konstruktions*prozesses* wissenschaftlicher Modelle, der nicht nur den Bezug zum Zielsystem herstellen, sondern auch sicherstellen soll, dass das so konstruierte Modell im konkreten Fall der Anwendung durch einen Nutzer erfolgreich als Instrument zur Extraktion von Wissen über das Zielsystem fungieren kann. Modelle werden deshalb charakterisiert als

> concrete artefacts that are built by specific representational means and are constrained by their design in such a way that they facilitate the study of certain scientific questions, and learning from them by means of construction and manipulation.[12]

2. Wozu (ge)brauchen wir wissenschaftliche Modelle?

Zweierlei Grundbeobachtungen ergeben sich aus dem bisher Gesagten. Zum einen sind Modelle – verstanden als Produkte einer eigenständigen Praxis des wissenschaftlichen Modellierens – umfassend weder durch ihre Charakterisierung als bloß abstrakte Strukturen noch als in bestimmten

11 Ibid.

12 Tarja Knuuttila, *Modelling and Representing: An Artefactual Approach to Model-based Representation.* In: Studies in History and Philosophy of Science 42 (2011), 262.

Ähnlichkeitsbeziehungen stehende materielle Nachbildungen von Zielsystemen beschrieben. Vielmehr sind sie Erkenntnisinstrumente, deren oft komplexe, interessengeleitete Genese sich in einer durchaus heterogenen Beschaffenheit niederschlägt, so dass wissenschaftliche Modelle oft theoretischen Annahmen, materielle Faktoren und verschiedene mediale Formate miteinander kombinieren. Zum anderen sind Modelle nicht bloß Modelle *von* etwas, sondern vor allem auch Modelle *für* jemanden. Die Güte eines Modells hängt nicht allein von Aspekten der dyadischen Modell-Zielsystem-Relation ab, sondern bemisst sich daran, wie gut ein Modell sich innerhalb der Dreiecksbeziehung Modell-Zielsystem-Nutzer bewährt. Dabei ist das maßgebliche Kriterium nicht die individuelle Willkür des einzelnen Modellbenutzers; ob ein Modell erfolgreich ist oder nicht, liegt nicht im Auge des Betrachters. Vielmehr orientiert sich der Erfolg eines Modells daran, ob es objektiv geeignet ist, den zu Grunde liegenden Interessen gerecht zu werden, also z. B. Antworten auf die im Rahmen des wissenschaftlichen Erkenntnisprozesses an das Modell herangetragenen Fragen zu liefern.

Die Pragmatik wissenschaftlicher Modelle ernst zu nehmen, heißt, den Gebrauch von Modellen in spezifischen Kontexten nicht als etwas Nachgeordnetes zu betrachten, ganz so als müsste man stets zuerst ein möglichst wirklichkeitsgetreues Modell konzipieren, ehe dieses dann in einem zweiten Schritt auf eine spezifische Situation angewendet werden kann. Stattdessen richtet die pragmatische Auffassung wissenschaftlicher Modelle den Blick darauf, dass Modelle immer schon mit dem Blick auf (reale oder hypothetische) Benutzer und Anwendungssituationen hin konzipiert werden, also zum Zweck ihres Gebrauchs. Die Hinwendung zur Pragmatik des wissenschaftlichen Modellgebrauchs verändert nachhaltig die Perspektive darauf, was Modelle ausmacht und inwiefern sie ein integraler Bestandteil der heutigen Wissenschaft sind. Denn die Frage nach deren Ontologie – also danach, was ein Modell im Allgemeinen, auf einer fundamentalen Ebene, ausmacht – verliert dadurch an Dringlichkeit. Stattdessen rückt die Frage in den Mittelpunkt, was Modelle für uns leisten, wie sie funktionieren und welche wiederkehrenden Arten des Gebrauchs von Modellen wir in den Wissenschaften vorfinden.

Wozu nun werden Modelle in der Wissenschaft *ge-braucht*? Diese Frage ist selbst doppeldeutig und kann zum einen interpretiert werden als Frage danach, warum wir Modelle überhaupt benötigen, zum anderen als Frage nach den unterschiedlichen Arten und Weisen des Modellgebrauchs. Die Antwort auf die erste Frage scheint offensichtlich: Modelle benötigen wir mindestens immer dann, wenn wir über unvollständiges Wissen verfügen – insbesondere dann, wenn wir es mit Phänomenen zu tun haben, die zu komplex sind, um sie auf eine theoretisch umfassende, analytisch geschlossene Weise beschreiben zu können. Und selbst in Situationen, die von einer zu Grunde liegenden Theorie im Prinzip gut beschrieben werden könnten, können Modelle mittels Abstraktion und Idealisierung willkommene Vereinfachungen liefern, die die Auswertung und Vorhersage erheblich erleichtern. Doch geht es bei der Modellierung durchaus nicht immer darum, eine Situation unter Abwägung der zur Verfügung stehenden Ressourcen unter das Dach einer Theorie zu zwingen; auch auf der Ebene der Beobachtung sind wir oftmals auf Modelle angewiesen.

Zwar werden Theorie und Beobachtung oft als einander unabhängig gegenüberstehende Erkenntnispole behandelt – schließlich soll die Beobachtung ein neutraler Prüfstein der Theorie sein – doch ist in der Praxis eine theoriefreie Beobachtung nahezu unmöglich. Schon der Blick durch ein Lichtmikroskop erfordert theoretische Annahmen, z. B. über die Auflösung des Geräts und darüber, welche Lichterscheinungen womöglich bloß Artefakte des Beobachtungsprozesses sind. Je komplizierter und technologisch aufwendiger Beobachtungen werden, desto wichtiger wird es, sich nicht auf Rohdaten zu stützen, sondern auf valide, um Fehler und Rauschen bereinigte Messdaten. Nicht immer ist offensichtlich, wie sich die so gewonnenen validierten Daten zusammenfassen lassen. Umso wichtiger ist es, auf Datenmodelle („models of data") zurückgreifen zu können, die deshalb auch als Mittel zur Disziplinierung unserer technisch vermittelten Beobachtungen verstanden werden können.

Daran, dass wir Modelle für die wissenschaftliche Forschung benötigen, besteht kaum ein Zweifel. Wenn wir jedoch Modelle in einem solch fundamentalen Sinne brauchen, *wie* – und auf welche wiederkehrenden Arten und Weisen – gebrauchen wir Modelle in der wissenschaftlichen Praxis? Jeder konkrete Gebrauch eines Modells bringt fallspezifische Charakteristika mit sich. Dennoch lassen sich eine Reihe typischer Verwendungsarten identifizieren, die mit unterschiedlichen Funktionen wissenschaftlicher Modelle verknüpft sind. Diese in eine Liste zu bringen, soll nicht suggerieren, dass mit den aufgeführten Funktionen das Spektrum möglicher Verwendungsarten ausgeschöpft wäre; zugleich schließen nicht alle Funktionen einander aus. Im Folgenden sollen vier der zentralen Verwendungsweisen wissenschaftlicher Modelle diskutiert werden: die Verwendung von Modellen 1.) als Repräsentation (repräsentationale Funktion), 2.) als Mittel zur Vorhersage (prädiktive Funktion), 3.) als Hilfsmittel zur Intervention (instrumentalistische Funktion) und 4.) als Mittel zum Ausloten möglicher explanatorischer, kausaler und theoretischer Zusammenhänge (explorative Funktion).

Die repräsentationale Funktion wissenschaftlicher Modelle leitet sich daraus ab, dass ein Modell stellvertretend für sein Zielsystem verwendet werden kann: Es dient als ein uns zugänglicheres Ersatzsystem, gerade weil eine vollständige Beschreibung des Zielsystems in vielen Fällen nicht verfügbar ist. Damit kommt Repräsentation der intuitiven Vorstellung am nächsten, ein Modell sei gewissermaßen ein Abbild des Zielsystems bzw. einiger seiner Teilaspekte. Allerdings ist subjektiv zugeschriebene Ähnlichkeit in der Regel kein guter Ratgeber hinsichtlich der Frage, ob ein Modell sein Zielsystem erfolgreich repräsentiert. Denn zum einen mangelt es in der Regel an einem modell-unabhängigen Zugang zum Zielsystem, so dass sich Modell und Zielsystem nicht direkt miteinander vergleichen lassen. Zum anderen ist die Ähnlichkeitsrelation selbst eine hochproblematische und Gegenstand zahlreicher philosophischer Diskussionen. Für Goodman ist die Vorstellung, Repräsentation lasse sich auf bloße Ähnlichkeit zurückzuführen die „naivste Auffassung von Repräsentation“[13], weswegen er dafür argumentiert, dass Repräsentation nicht durch Ähnlichkeit allein herbeigeführt werden kann, sondern ein Element der Konvention beinhalten muss. So ähneln zwei eineiige Zwillinge einander sicher mehr als beiden die Fotografie des einen – doch nur bei letzterer handelt es sich um eine Repräsentation (und auch nur des einen Zwillings). Selbst bei piktorialen Repräsentationen kann Ähnlichkeit also nur von sekundärer Bedeutung sein. Im Falle wissenschaftlicher Modelle gilt es außerdem zu bedenken, dass das Weglassen von Details mit dem Ziel der Vereinfachung mehr als nur ein notwendiges Übel ist. Oft geht es bewusst darum, zu klären, was minimal erforderlich ist, um z. B. ein beobachtetes Phänomen zu erklären. In solchen Fällen würde die Güte eines Modells unter der Hinzufügung unnötiger Einzelheiten leiden, auch wenn diese die Ähnlichkeit eines Modells zu seinem Zielsystem scheinbar erhöhen würden: *„The adding of details with the goal of ‚improving‘ [such a] model is self-defeating – such improvement is illusory“.*[14]

Im Hinblick auf Modelle als Instrumente zur Vorhersage von Phänomenen oder Entwicklungen, d. h. in ihrer *prädiktiven* Funktion, sticht zunächst eine Parallele mit wissenschaftlichen Theorien ins Auge. Auch Theorien werden oft daran gemessen, wie gut sie zukünftige Entwicklungen oder Beobachtungen

13 „The most naive view of representation might perhaps be put somewhat like this: ‚A represents B only if A appreciably resembles B.‘“ – Nelson Goodman, *Languages of Art*, Indianapolis 1976, 3.

14 Robert Batterman, *Asymptotics and the Role of Minimal Models*. In: The British Journal for the Philosophy of Science, 52 (2002), 22.

vorhersagen können. Während bei Theorien oft der Fähigkeit, neuartige Phänomene vorherzusagen, große Bedeutung beigemessen wird – prominentes Beispiel ist die ursprünglich als Widerlegung der Wellentheorie des Lichts gedachte Vorhersage des sog. „Poissonschen Flecks" im Schatten einer Beugungsfigur – sind Modelle oft für bereits bekannte Phänomenbereiche intendiert. Doch auch sie sollten brauchbare Vorhersagen treffen, so dass einem prädiktiv erfolgreichen Modell in der Regel größeres Vertrauen entgegengebracht wird. Fortschritte im Bereich der künstlichen Intelligenz und des maschinellen Lernens haben es in den letzten Jahren möglich gemacht, mittels künstlicher neuronaler Netzwerke Modelle zu generieren, die zwar prädiktiv höchst erfolgreich sind – z. B. weil das Netzwerk auf der Grundlage großer Datenmengen von bereits beobachteten Fällen erfolgreich dazu angeleitet wurde, neue Fälle verlässlich zu kategorisieren – bei denen aber nicht länger nachvollziehbar ist, auf der Basis welcher (ggf. auch kausal zu rechtfertigenden) Kriterien sich ihr empirischer Erfolg erklären ließe.

Dort, wo Modelle die Grundlage praktischer Interventionen in die Welt liefern, dominiert ihre *instrumentalistische* Funktion. Dabei ist der Begriff der „Intervention" so allgemein zu verstehen, dass darunter sowohl die Vorbereitung eines wissenschaftlichen Experiments als auch z. B. das Herbeiführen gesellschaftlicher oder technologischer Veränderungen fallen könnte. In solchen interventionistischen Kontexten werden Modelle handlungsleitend zur Rechtfertigung bestimmter Entscheidungen herangezogen, und die Güte eines Modells bemisst sich dann in erster Linie am Erfolg der geplanten Intervention. Damit wird auch deutlich, dass die Funktionen von Modellen überlappen können: Denn ob ein Modell instrumentalistisch erfolgreich ist, wird auch davon abhängen, ob es das Resultat der geplanten Intervention hinlänglich erfolgreich vorhersagt, d. h., ob es prädiktiv erfolgreich ist. Jedoch ist zweitrangig, ob das Modell jeden relevanten Aspekt des Zielsystems repräsentiert oder für jede Variable gleichermaßen genaue Vorhersagen macht; vielmehr wird die Beurteilung des Modells dominiert von externen Zielen und Bedürfnissen, die auch der Begrenztheit verfügbarer Ressourcen und ggf. der Notwendigkeit, hier und jetzt handeln zu müssen, Rechnung trägt. So kann ein Modell auf instrumentalistischer Ebene als Entscheidungshilfe erfolgreich sein, obwohl allen Entscheidungsträgern bewusst ist, dass es prinzipiell möglich wäre, ein genaueres und vollständigeres Modell zu konstruieren – was jedoch den verfügbaren Zeit- und Kostenrahmen sprengen würde. Womöglich sind es solche profanen Erwägungen, die dazu geführt haben, dass der handlungsleitenden Dimension von Modellen innerhalb der Wissenschaftstheorie in der Vergangenheit recht wenig Aufmerksamkeit geschenkt wurde.

Dass die Begrenztheit zur Verfügung stehender Ressourcen im Modellierungsprozess nicht ausgeblendet werden kann, ist nicht nur eine – womöglich schmerzliche – Tatsache des Wissenschaftsbetriebs, sondern kann durchaus existentielle Züge annehmen. Dies haben in den vergangenen Jahren zwei globale Herausforderungen deutlich gemacht, bei denen politische Entscheidungsträger auf kaum in Abrede zu stellende Weise für die Entscheidungsfindung auf wissenschaftliche Modelle angewiesen waren – und auf absehbare Zeit sein werden: die Bekämpfung der anthropogenen Klimaerwärmung und der Umgang mit neuartigen Krankheitserregern wie dem 2019 zum ersten Mal aufgetretenen SARS-CoV-2-Virus, das zahlreiche Regierungen vor schwierige Abwägungsfragen bei der Eindämmung und Bekämpfung der dadurch ausgelösten Pandemie gestellt hat. Beide Fälle illustrieren auf eindrückliche Weise, wie es zu einem Spannungsverhältnis zwischen den unterschiedlichen Funktionen von Modellen kommen kann.

Beispiel Klimaerwärmung: Ohne hochkomplexe Klimamodelle wäre es illusorisch, belastbare Vorhersagen darüber zu treffen, wo und in welchem Ausmaß sich das Klima in verschiedenen Regionen der Erde verändern wird. Zwar konnte bereits Svante Arrhenius 1896 den bei Verdopplung des atmosphärischen CO_2-Gehalts zu erwartenden mittleren Temperaturanstieg aus basalen thermodynamischen Zusammenhängen in seiner Größenordnung gut abschätzen – er rechnete mit 5,7°C (die heutige Schätzung liegt bei 2,5 bis 4°C)[15] – doch hat sich in den letzten Jahrzehnten gezeigt, nicht zuletzt anhand beobachteter Veränderungen in verschiedenen Erdregionen, dass Klimafolgen geographisch höchst disparat ausfallen. Welche Klimaveränderungen wo zu erwarten sein werden, lässt sich nur anhand von modellbasierten Simulationen vorhersagen. Nun haben Klimamodelle im Hinblick auf ihren Detailreichtum – sowohl was die geographische Auflösung als auch was die Anzahl der berücksichtigten Prozesse und Feedback-Schleifen angeht – zwar erhebliche Fortschritte gemacht, doch gerade weil die Modelle hochkomplex geworden sind, ist ihre Auswertung mit Hilfe von Computersimulationen ressourcenintensiv und benötigt viel Zeit und Rechenleistung. Bereits auf der Ebene der zu Grunde liegenden Modelle kommt es deshalb zu einer unvermeidlichen Abwägung: Sollte man vorzugsweise dem repräsentationalen Ideal folgen und immer mehr Details berücksichtigen, in der Hoffnung, ein

15 Svante Arrhenius, *Über den Einfluss des atmosphärischen Kohlensäuregehalts auf die Temperatur der Erdoberfläche*. In: Bihang Till Kungl. Svenska Vetenskapsakademiens Handlingar 22 (1896), 1–102.

immer besseres Abbild des Zielsystems zu erreichen? Oder sollte stattdessen der Schwerpunkt auf die Vorhersage von für uns relevanten Kennzahlen – z. B. die Häufigkeit von Hitzewellen in besonders vulnerablen Regionen oder die Überlebenschancen bestimmter Ökosysteme – gelegt werden? Die amerikanische Wissenschaftsphilosophin Wendy Parker plädiert angesichts dieses Trade-Offs dafür, im Falle von Klimamodellen ein größeres Gewicht auf die Zweckadäquatheit („adequacy-for-purpose") der Modelle zu legen als auf das repräsentationale Ideal der Vollständigkeit. Dabei werden zu den legitimen Zwecken, denen Modelle gerecht werden sollen, explizit auch nicht-epistemische Ziele gezählt: z. B. die Vorgabe, Klimamodelle sollten nutzbare Daten für die Vermeidung von Missernten oder für die Adaption an Klimaveränderungen zu gewinnen.[16]

So plausibel es ist, dass in konkreten Entscheidungssituationen das reine Erkenntnisinteresse bisweilen hinter praktische Interessen zurücktreten muss, zumal dann, wenn es um Fragen der individuellen oder kollektiven Selbsterhaltung geht, so schwierig ist es, auf allgemeiner Ebene eine Abwägung zwischen verschiedenen legitimen Zielen zu treffen. Besonders brisant wird die Abwägung dann, wenn sich verschiedene praktische Ziele unvereinbar gegenüberstehen. Sollten Klimamodelle zum Beispiel so optimiert werden, dass sie zur Sicherung der Nahrungsmittelversorgung genutzt werden können, also bessere Vorhersagen für landwirtschaftlich produktivere Regionen liefern, auch wenn dadurch Informationen zur Bewahrung der globalen Biodiversität an Verlässlichkeit einbüßen würden? Sollten Modelle zur Abschätzung der Folgen einer sich entwickelnden Pandemie von Anfang an soziale, ökonomische und psychologische Folgeeffekte berücksichtigen, oder reicht es aus, sich auf grundlegende epidemiologische Kennzahlen wie erwartete Reproduktions- und Fallzahlen zu stützen (auch wenn diese aufgrund unterschiedlicher Dynamiken von Region zu Region variieren können)? Wie diese Beispiele deutlich machen, sind Modellierungsentscheidungen oft auch Wertentscheidungen, weswegen es umso dringender ist, im konkreten Fall möglichst klar die Prämissen, Prioritäten und intendierten Funktionen von Modellen benennen zu können.

Dies gilt insbesondere für wissenschaftliche Modellierung des vierten Typs: den *explorativen* Gebrauch wissenschaftlicher Modelle, der erst seit einiger Zeit

16 Vgl. hierzu Wendy Parker, *Confirmation and Adequacy-for-Purpose in Climate Modelling.* In: Proceedings of the Aristotelian Society, Supplementary Volumes, 83 (2009), 233–249.

systematischere wissenschaftsphilosophische Aufmerksamkeit erhalten hat.[17] Das Attribut „explorativ" ist dabei erklärungsbedürftig, nicht zuletzt, weil es etwa in der Verhaltensforschung die Bereitschaft eines Organismus, seine Umwelt zu erkunden, bezeichnet. Bezogen auf wissenschaftliche Modelle bezeichnet „explorativ" keinen bestimmten Gegenstandsbereich, sondern einen Modus wissenschaftlichen Modellierens, der sich bewusst absetzt von der Auffassung, Modelle seien stets (oder fast immer) als Grenzfälle oder Anwendungen fundamentaler Theorien anzusehen. Aus den schon diskutierten Gründen ist eine solche theoriegeleitete Auffassung wissenschaftlicher Modelle zu eingeschränkt und wird der Vielfalt der Wissenschaftspraxis nicht gerecht. Jedoch reicht die zu Grunde liegende Intuition sehr tief, wie sich auch daran zeigt, dass Modelle unter anderem dadurch gerechtfertigt werden, dass auf die schiere Komplexität eines Zielphänomens verwiesen wird, die es unmöglich mache, die „tatsächlich" zu Grunde liegende Theorie vollständig anzuwenden und auszuwerten. Selbst dann, wenn Modelle nicht direkt aus einer Theorie abgeleitet werden, werden sie dennoch oft genug an ihr gemessen – ganz so, als wäre uns eine vollständige theoretische Beschreibung „eigentlich" lieber, die jedoch leider aus praktischen Gründen nicht verfügbar ist.[18]

Was aber, wenn es keine zu Grunde liegende, in sich geschlossene Theorie gibt, die eine Herleitung des Modells zumindest prinzipiell erlauben würde? Gründe für das Fehlen einer theoretischen Grundlage gibt es viele. Gerade in der Anfangsphase eines Untersuchungsprozesses, etwa nach der mutmaßlichen Entdeckung eines neuen Phänomens, liegt oft noch keine in sich geschlossene Theorie vor oder ist unklar, ob es sich bei dem vermeintlich neuen Phänomen überhaupt um ein stabil reproduzierbares epistemisches Objekt handelt. Einem Modell – als prospektiver Repräsentation eines angenommenen Zielsystems – kommt dann selbst etwas Vorläufiges und Revidierbares zu, denn es ist dann typischerweise selbst (noch) „nicht so weit stabilisiert und standardisiert, dass es in der differentiellen Reproduktion anderer Experimentalsysteme einfach

---

17 Für eine Diskussion der explorativen Funktion wissenschaftlicher Modelle, siehe Axel Gelfert, *How to Do Science With Models: A Philosophical Primer*, Cham 2016. Vgl. auch Grant Fisher, Axel Gelfert, Friedrich Steinle, *Exploratory Models and Exploratory Modeling in Science: Introduction, Perspectives on Science* 29 (2021) 355–358 (Einleitung der Herausgeber zu einem Sonderheft mit demselben Themenschwerpunkt).

18 Dass selbst bei Vorliegen einer Theorie deren Anwendung alles andere als offensichtlich ist, hat Nancy Cartwright nachdrücklich in Ihrem Buch *How the Laws of Physics Lie* (Oxford 1983) nachgewiesen.

als unproblematische Subroutine eingesetzt werden könnte".[19] Im Gegenzug können Modelle auch auf *explorative* Weise eingesetzt werden: Sie loten den Spielraum des Möglichen aus und zielen dabei zugleich auf eine begrifflich-theoretische Stabilisierung, die nicht nur durch die *Anwendung* bekannter Zusammenhänge, sondern auch durch das Austesten neuer theoretisch-explanatorischer Ansätze bewirkt werden kann.[20]

Exploratives Modellieren ist dabei nicht bloß auf den Beginn von Untersuchungsprozessen beschränkt, sondern kann als Modus wissenschaftlichen Arbeitens je nach Teildisziplin und -debatte auch über die chronologische Anfangsphase hinaus zur Verfügung stehen. Insbesondere in der interdisziplinären Forschung gibt es immer wieder Situationen, in denen ein Phänomen von der Warte verschiedener, miteinander inkommensurabler Disziplinen aus modelliert werden muss. Auch hierfür ist das Modellieren pandemischer Situationen ein gutes Beispiel. Der Verlauf einer Pandemie hängt schließlich nicht nur von den infektiologischen Eigenschaften des Erregers ab, sondern es spielt eine Vielzahl unterschiedlicher Faktoren eine Rolle, die von jeweils methodologisch eigenständigen Disziplinen untersucht werden: darunter menschliche Verhaltensweisen (die auf individueller Ebene von der Psychologie, auf kollektiver Ebene von der Soziologie untersucht werden), saisonalen Einflüsse (Meteorologie) und geographische Umstände (Humangeographie), so dass ein umfassendes Modell nur aus dem Zusammenspiel durchaus unterschiedlich gelagerter Disziplinen erwachsen kann. Sicher würde niemand angesichts der Heterogenität der relevanten Faktoren fordern, dass die Konstruktion eines Modells in einer solchen Situation erst dann legitim ist, wenn alle Faktoren unter das Dach einer umfassenden Theorie gebracht worden sind. Vielmehr liegt die Schlussfolgerung nahe, dass Modellen in interdisziplinären Kontexten nahezu zwangsläufig ein explorativer Charakter zukommt – zumindest immer dann, wenn eine gemeinsame theoretische Sprache erst noch gefunden werden muss. Dies anzuerkennen ist kein Eingeständnis eines Mangels, sondern liegt bisweilen in der Natur der Sache – die sich, wenn auch womöglich nur vorläufig, einer einheitlichen Theoriebildung entzieht.

---

19 Hans-Jörg Rheinberger, *Experimentalsysteme und epistemische Dinge. Eine Geschichte der Proteinsynthese im Reagenzglas*, Göttingen 2001, 117.

20 Siehe hierzu Elay Shech, Axel Gelfert, *The Exploratory Role of Idealizations and Limiting Cases in Models*. In: Studia Metodologiczne 39 (2019) 195–232.

3. Können wir wissenschaftlichen Modellen glauben?

Angesichts der äußerst vielfältigen Erscheinungsformen wissenschaftlicher Modelle und des komplexen Gesamtbildes der Praxis wissenschaftlichen Modellierens könnte man es für aussichtslos – womöglich sogar vermessen – halten, eine allgemeine Antwort auf die Frage geben zu wollen, ob wir wissenschaftlichen Modellen glauben können. Tatsächlich wird es auf diese Frage schon deshalb keine völlig allgemeine Antwort geben können, weil Modelle, wie bereits beschrieben, auf unterschiedlichste Weise zu den unterschiedlichsten Zwecken eingesetzt werden können – darunter auch solche, die einander zuwiderlaufen. Von einem Modell, das bloß eine grobe, aber dafür schnelle Abschätzung der Größenordnung eines Effekts liefern soll, wird man deshalb keine numerisch genauen Vorhersagen erwarten können; im Gegenzug wird ein hochspezialisiertes Modell, das alle Facetten eines bestimmten Zielsystem repräsentiert, wenig Rückschlüsse auf andere Systeme zulassen und damit von geringerem explanatorischen Nutzen sein.[21]

Wenn auch eine allgemeine Antwort darauf, ob und wann wir wissenschaftlichen Modellen Glauben schenken können, kaum realistisch zu sein scheint, so ist es doch im konkreten Einzelfall nötig zu entscheiden, wann wir uns berechtigterweise auf ein Modell verlassen können. Selbst wenn im Einzelfall die Kriterien dafür selten explizit gemacht werden, wird eine Antwort in der Praxis implizit dadurch gegeben, dass wir uns *de facto* auf bestimmte Modelle stützen und auf andere nicht. Man könnte deshalb versucht sein zu argumentieren, dass es sich bei der Frage, ob wir wissenschaftlichen Modellen glauben können, womöglich um eine Scheinfrage handelt, da sie ja für konkrete Anwendungsfälle mit einiger Regelmäßigkeit – in manchen Wissenschaftszweigen geradezu routinemäßig – anhand des jeweiligen Untersuchungskontextes und Forschungsstandes durch die wissenschaftliche Praxis beantwortet wird. Allerdings wäre ein solches Argument – angesichts des praktisch-gesellschaftlichen Stellenwerts, den modellbasiertes Wissen mittlerweile in vielen Bereichen einnimmt – wenig befriedigend, zumal es leicht unter Technokratie-Verdacht geraten könnte: Die Frage, ob ein Modell glaubwürdig ist oder nicht, wäre

21 Der klassische Ort für die Diskussion unvermeidlicher „Trade-Offs" bei der wissenschaftlichen Modellierung ist Richard Levins, *The Strategy of Model Building in Population Biology*. In: American Scientist 43 (1966) 421–431. Für eine neuere Diskussion siehe Axel Gelfert, *Strategies of Model-Building in Condensed Matter Physics: Trade-Offs as a Demarcation Criterion Between Physics and Biology?* In: Synthese 190 (2013) 252–273.

gewissermaßen immer schon durch die Tatsache ihrer Verwendung beantwortet, und jede externe Kritik an konkreten Fällen würde zugleich die Kompetenz derjenigen Modellierer in Frage stellen, die die Verwendung des betreffenden Modells zu verantworten haben.

Vor diesem Hintergrund kann es hilfreich sein, sich zunächst zu fragen, wie wir Wissensquellen allgemein, insbesondere Expertinnen und Experten, vertrauen. Einen befriedigenden Zugang zu dieser Problematik zu entwickeln, könnte dazu beitragen, den im Technokratie-Vorwurf impliziten Verdacht zu entschärfen, in der Wahl wissenschaftlicher Modelle würden sich nur die nicht weiter überprüfbaren Vorlieben und Vorannahmen ihrer Urheber widerspiegeln. Ein wichtiger Faktor bei der Beurteilung der Glaubwürdigkeit einzelner Wissensquellen ist sicher die *Erfolgsbilanz*: Wie oft hat eine Quelle in der Vergangenheit richtig gelegen und wie oft hat sie sich geirrt? Wenn sich eine Quelle in der Vergangenheit bewährt hat und wir annehmen dürfen, dass der in Frage zu stellende Fall dieselben Charakteristika hat wie jene, für die sich die Quelle als verlässlich erwiesen hat, können wir induktiv schließen, dass sie uns auch diesmal nicht enttäuschen wird. Wie bei allen induktiven Schlüssen schwingt in der berechtigten Erwartung auch ein wenig Hoffnung mit, denn logisch zwingend sind induktive Schlüsse bekanntlich nicht. Bei menschlichen Informanten kommen zur Erfolgsbilanz zudem Kriterien der *Kompetenz* und normative Erwartungen an die *Ehrlichkeit* des Informanten hinzu. Während sich der Begriff „Kompetenz" für Modelle womöglich so abwandeln ließe, dass darunter die Eignung der verwendeten Repräsentationsmittel für die gewählten Zwecke der Modellierung gefasst wird, gibt es zum Kriterium der Ehrlichkeit auf der Ebene von Modellen naturgemäß kein direktes Analogon. Jedoch ist die Verlässlichkeit einer Wissensquelle gebunden an einen legitimen Anwendungsbereich.

Genauso wie menschliche Experten in ihrem Spezialgebiet höchst kompetent und verlässlich sein können und dafür in anderen Bereichen Laien wie wir, so muss man sich auch bei wissenschaftlichen Modellen davor hüten, sie unreflektiert aus ihrem angestammten Bereich in einen völlig anderen Bereich zu verpflanzen. Nur weil sich etwa mathematische Gleichungen auf neue Weise interpretieren lassen, ist darum noch nicht klar, dass hinter dieser bloß formalen Anwendbarkeit auf ein neues Feld auch ein echter Erkenntnisgewinn steht. Damit soll nicht in Abrede gestellt werden, dass es gute Gründe dafür geben kann, Modelle von einem Bereich auf einen anderen zu übertragen: Wenn unser Hintergrundwissen nahelegt, dass die beiden Zielphänomene strukturelle Ähnlichkeiten aufweisen, oder wenn es – etwa im Kontext explorativer

Forschung – darum geht, die Anwendbarkeit einer theoretischen Vorannahme oder eines Modellansatzes zu testen, kann es eminent sinnvoll sein, Modelle aus ihrem Ursprungskontext herauszulösen und auf neue Zielsysteme anzuwenden. Gelegentlich kann dies sogar über Disziplingrenzen hinweg sinnvoll sein, etwa wenn kollektive Bewegungsmuster von Menschenmengen (z. B. beim Verlassen eines Fußballstadions) erfolgreich mittels Modellen, die aus der Physik mesoskopischer Systeme entlehnt sind, modelliert werden.[22] Allerdings müssen Modelle in neuen Anwendungskontexten ihre Vertrauenswürdigkeit immer erst neu unter Beweis stellen, entweder dadurch, dass ihre Anwendung auch dort empirische Erfolge zeitigt, oder weil wir über ausreichend Hintergrundwissen verfügen, das die Anwendbarkeit auch im neuen Kontext sicherstellt oder zumindest wahrscheinlich macht. Eine positive Erfolgsbilanz in der Ursprungsdisziplin allein ist noch keine Garantie für den Erfolg eines Modells in Kontexten fernab dieses Ursprungs.

Ist es im Hinblick auf wissenschaftliche Modelle überhaupt legitim, von „Glaubwürdigkeit" und „Vertrauenswürdigkeit" zu sprechen? Ein möglicher Einwand könnte lauten, dass durch das Ziehen einer Parallele zwischen menschlichen Informanten und wissenschaftlichen Modellen eine Anthropomorphisierung der Frage in Kauf genommen wird – ganz so, als hätten Modelle Charaktereigenschaften oder könnten Partei ergreifen. Eine naive „Vermenschlichung" unseres Umgangs mit wissenschaftlichen Modellen ist jedoch nicht das Ziel dieses Ansatzes; vielmehr geht es darum, das erotetische Moment unserer Interaktion mit Modellen in den Vordergrund zu rücken: Im Untersuchungsprozess richten wir – mindestens implizit – Fragen an unsere Modelle, von denen wir uns im Umkehrschluss intelligible Auskunft über verschiedene Aspekte der Wirklichkeit erhoffen. Darauf, dass dies nichts Absonderliches ist, weist der Pragmatist und Technikphilosoph Joseph Pitt mit Blick auf unseren Umgang mit wissenschaftlichen Theorien hin:

> When a scientist works with a theory to derive some results, she is in some sort of communication with it. She knows that if she does this she will get, or at least, ought to get this result. It is in her being able to anticipate the response of the theory to her manipulations that she is communicating with it.[23]

---

22 Vgl. hierzu Dirk Helbing, *Social Self-Organization. Agent-Based Simulations and Experiments to Study Emergent Social Behavior.* Berlin/Heidelberg 2012.

23 Joseph Pitt, *Speak to Me.* In: Metascience 16 (2007), 55.

Analoges lässt sich auch für wissenschaftliche Modelle geltend machen, zumal Modelle oft noch enger als Theorien an konkrete Forschungsfragen gebunden sind. Auf der Ebene der wissenschaftlichen Praxis finden sich weitere Anhaltspunkte für eine erotetische Herangehensweise: So werden mittlerweile in vielen Wissenschaftszweigen modellbasierte Computersimulationen auf der Basis von Benutzeroberflächen eingesetzt, die es ihren Nutzern erlauben, durch die Eingabe bestimmter Parameter und Anfangsbedingungen ganz spezifische Fragen an ein Modellsystem zu richten und darauf basierende Vorhersagen und Szenarien zu generieren.

Letztlich sollte die Frage nach der Verlässlichkeit wissenschaftlicher Modelle nicht von womöglich bestehenden Parallelen zur Vertrauenswürdigkeit menschlicher Experten abhängig gemacht werden – zumal sich einige der wesentlichen Vorteile von Modellen gerade aus den Disanalogien zwischen beiden Wissensquellen speisen. So ist die Zahl kompetenter Expertinnen und Experten für viele höher spezialisierte Fragen stark begrenzt, so dass wir nur auf einen engen Personenkreis zurückgreifen können. Wissenschaftliche Modelle dagegen sind in der Regel variierbar und flexibel, und wir sind nicht zwingend darauf angewiesen, allein mit denjenigen Modellen vorliebzunehmen, die wir scheinbar unabänderlich vorfinden. Die Erfahrung in vielen Forschungszweigen, etwa in der Klimaforschung zeigt, dass bessere Vorhersagen und ein tieferes Verständnis dann gewonnen werden können, wenn mit Ensembles von Modellen gearbeitet wird. Dies gilt insbesondere dann, wenn das Ensemble ausgehend von einem – wenn auch möglicherweise nur teilweisen – Verständnis der zu Grunde liegenden kausalen Mechanismen entwickelt wurde. Denn im Idealfall, darauf weist Niels Gottschalk-Mazouz hin, soll ein Modell nicht als *black box* fungieren, sondern *„soll aus der Dynamik auf einzelne Strukturelemente des Modells zurückgeschlossen werden“*.[24] Sind die theoretischen Unsicherheiten hinreichend gering, so liefern Ensembles im Durchschnitt bessere Resultate als einzelne Modelle. Doch selbst dann, wenn die Unsicherheiten so groß sind, dass ein einfaches Aggregieren der einzelnen Resultate nicht möglich ist, loten Ensembles von Modellen immerhin die Spannbreite des Möglichen aus und erlauben es uns, ein umfassenderes Verständnis des Ereignisraums zu entwickeln.

24 Niels Gottschalk-Mazouz, *Toy Modeling: Warum gibt es (immer noch) sehr einfache Modelle in den empirischen Wissenschaften?* In: Peter Fischer, Andreas Luckner, Ulrike Ramming (Hg.), *Die Reflexion des Möglichen. Zur Dialektik von Handeln, Erkennen und Werten*, Berlin 2012, 28.

Im Umkehrschluss liegt die Vermutung nahe, dass immer dann, wenn uns *ein* Modell als der Weisheit letzter Schluss verkauft wird, die Frage angemessen ist, ob das angepriesene Modell wirklich systematisch als das Beste seiner Art identifiziert wurde oder ob nicht vielleicht andere Modelle es ebenfalls wert sind, in Betracht gezogen zu werden. Die einzige Antwort auf die Unzulänglichkeiten einzelner Modelle kann darum oft genug nur sein: mehr Modellierung.

Komplexitätsforschung: Theorie und Big Data

Stefan Thurner

1. Was ist Big Data?

Wann ist Big Data wirklich „big"? Um das zu beantworten, braucht man ein Referenzsystem zu dem man die Daten-Größe in Bezug setzen kann. Eine Möglichkeit sich Big Data in Bezug auf etwas vorzustellen ist, sich zu fragen, wieviel Rechenleistung man zur Verfügung hat, um eine gewisse Datenmenge sinnvoll auszuwerten. Man könnte also behaupten, Daten sind „Big", wenn gilt

$$\frac{Datenmenge}{Rechenleistung} > 1\,,$$

also, Daten sind groß, wenn man mehr Daten hat als man Sinn generierend verarbeiten kann. Dazu ein kleines Beispiel. Die 2007 vorhandene Datenmenge in der Welt wird auf 295 Exabyte geschätzt[1]. Im Jahr 2002 wurden erstmals mehr Daten digital gespeichert, als alles jemals zuvor analog Geschriebene. Im Jahr 2012 konnte man bereits sagen, dass 90 % der Daten-Geschichte zwischen 2010 und 2012, also in den letzten 2 Jahren, geschrieben wurde. Seitdem ist viel passiert, die jährliche Wachstumsrate der Daten wurde vor etwa einem Jahrzehnt mit 23 % angegeben[2], das heißt, dass sich die Daten in 20 Jahren etwa versechzigfachen. Pro Person werden heute etwa 1,7 Megabyte pro Sekunde aufgezeichnet, das entspricht einem Buch mit ca. 850 Seiten. Jeden Tag (!) werden 2,5 Exabytes gespeichert, was dem 7.500-fachen der größten Bibliothek der Welt entspricht, der Library of Congress. Dem steht wieviel Rechenleistung gegenüber? Wieviel Rechnerkapazitäten gibt es? Wenn man 2007 alle General-Purpose-Computer der Welt zusammennimmt, konnten diese etwa $6{,}4\times10^{18}$ Instruktionen pro Sekunde abarbeiten, was etwa der Leistung eines menschlichen Gehirns entspricht (man muss ein bisschen darauf achten; was man darunter versteht). Die jährliche Wachstumsrate der Rechenleistung zwischen 1986 und 2007 betrug etwa 58 %, was so viel heißt, dass in 20 Jahren

1 M. Hilbert, P. Lopez, *The Worlds Technological Capacity to Store, Communicate, and Compute Information*. Science 332 (2011) 60–65.

2 siehe Fußnote 1.

die gesamte Rechenleistung etwa 9.400-mal stärker wird[3]. Was das bedeutet, ist wiederum, dass, egal wie groß 2007 die Datenkapazität war und egal wie die Rechenleistung war, heute die Gleichung auf alle Fälle umgekehrt ist, nämlich,

$$\frac{Datenmenge}{Rechenleistung} \ll 1.$$

Wir haben also mehr Rechenleistung als Daten. Das scheint auf den ersten Blick verblüffend. Denn wieso sind wir dann nicht schon viel weiter mit unserem wissenschaftlichen Verständnis? Wieso können wir nach wie vor keine Pandemien managen? Wieso können wir keine Finanzcrashs vorhersagen, wieso keine sozialen Unruhen? Wieso können wir Hurrikan-Pfade nicht für zwei Tage richtig vorausberechnen und wieso ist das Vorhersagen von Klimawandeleffekten so schwer? Wieso können wir die Weltbevölkerung 2040 nicht prognostizieren?

Die Antwort ist schlicht und ergreifend, weil es sich bei den zugrundliegenden Systemen um komplexe Systeme handelt. Und komplexe Systeme sind schwer zu berechnen. Offenbar braucht es weitaus mehr Rechenleistung um komplexe Systeme sinnvoll abbilden, verstehen, und im Idealfall auch managen zu können. Und was hilft uns Rechenleistung, wenn wir gar nicht wissen, wie man diese anwenden soll, wenn einem also die Konzepte und die Theorie dieser Systeme noch gar nicht richtig klar ist? Diese Fragen näher zu erörtern, ist das Ziel dieses Beitrags. Ich werde dazu Beispiele aus der wissenschaftlichen Arbeit des Complexity Science Hub Vienna (CSH) heranziehen.

2. Komplexe Systeme

Komplexe Systeme umgeben uns immer und überall. Jedes lebende Wesen ist ein komplexes System, die Wirtschaft ist eines, der Finanzmarkt ebenso. Der Straßenverkehr ist eines, genauso wie alle Ökosysteme und Gesellschaften. Auch Abläufe, wie die Meinungsbildung in einem demokratischen Prozess oder die Bekämpfung einer Pandemie oder die Korruption in einem Land sind komplexe Systeme.

All diese Systeme sind schwer zu verstehen und noch schwieriger zu managen. Wir müssen aber mit komplexen Systemen umgehen und uns in ihnen zurechtfinden. Wir haben Methoden entwickelt, – unwissenschaftliche – dies

3 siehe Fußnote 1.

zu tun. Oft gibt es Parameter in diesen Systemen, mit denen wir versuchen, sie sinnvoll zu steuern. Wenn man an solchen Stellschrauben dreht, bekommt man manchmal das Gefühl, das System tut, was es tun soll. Dreht man ein bisschen mehr, tut es immer noch das, was man erwartet, doch dreht man ein bisschen zu weit, passiert es: das System tut etwas Unvorhergesehenes, manchmal sogar das vollständige Gegenteil von dem, was man eigentlich erwartet hätte. Es kippt. Dieses Kippen passiert an ganz speziellen Bereichen der Systemparameter, den Tipping Points. Wenn Sie zum Beispiel versuchen, den Verkehr in einer Stadt zu regeln, stellen Sie möglicherweise Ampeln auf und damit wird der Verkehrsfluss besser. Sie stellen weitere Ampeln auf und es wird noch besser und flüssiger. Aber sobald Sie eine kritische Anzahl von Ampeln überschreiten, kann es passieren, dass schlagartig Staus an unerwarteten Stellen auftreten und sich der Verkehrsfluss drastisch verschlechtert. Sie haben den Tipping Point überschritten. Viele komplexe Systeme haben solche Tipping Points und besitzen verschiedene sogenannte „Phasen" in denen sie sich befinden können. Der Übergang von einer Phase, eines modus vivendi, in eine andere wird oft als Krise oder Kollaps wahrgenommen.

Wissenschaftlich gesprochen ist der Grund der schweren Steuerbarkeit von komplexen Systemen ein dreifacher. Zum einen sind sie oft nicht-linear, das heißt vereinfacht, kleine Ursachen, oft nur in den Details eines Systems, können große Wirkungen hervorrufen. Zum anderen bestehen sie aus Feedbackloops (das sind ebenso Nichtlinearitäten), die es oft praktisch unmöglich machen, ein System unter Kontrolle zu bringen, da sie Dynamiken unerwartet verstärken können. Und zu guter Letzt sind komplexe Systeme koevolvierend, was bedeutet, dass sie nicht nur ihre Bestandteile ändern, sondern auch die Zusammenhänge zwischen ihnen; davon später mehr.

2.1 Was sind komplexe Systeme?

Das bringt uns zu einer Definition von komplexen Systemen. Man unterscheidet im Unterschied zum normalen Sprachgebrauch zwischen komplex und kompliziert. Die meisten Systeme, wie zum Beispiel die Theorie der Elementarteilchen sind zwar kompliziert, aber nicht komplex. Ein einfaches Erkennungsmerkmal von komplexen Systemen ist, dass sie fast immer Netzwerke beinhalten. Ein komplexes System besteht aus Einzelteilen oder Komponenten. Diese stehen miteinander in Beziehung, sie wirken aufeinander ein, sie stehen in Wechselwirkung. Nicht jedes Bauteil wirkt auf alle anderen in gleicher Weise, sondern nur auf einige ausgewählte, und oft nur in spezifischer Art und Weise. Die Wechselwirkung einer speziellen Art kann man oft als Netzwerk darstellen, das angibt, welches Bauteil mit welchem in welcher Beziehung steht. Diese Beziehungen sind nicht immer gleich, sie ändern sich auch über die Zeit hinweg. Die Bauteile und die Netzwerke ändern sich zeitlich.

Die Komponenten haben Eigenschaften, oft mehrere gleichzeitig, die sich als Funktion ihrer Verbindungen mit den mit ihnen verbundenen Komponenten ändern können. Veränderte Eigenschaften von Komponenten führen oft dazu, dass sie ihre Verbindungen zu anderen Komponenten ändern. Kurz, Netzwerke verändern die Eigenschaften der Knoten, und veränderte Knoten verändern die Netzwerke der Wechselwirkungen. Das ist der Kern eines jeden komplexen Systems. Die prinzipielle Schwierigkeit wird sofort erkennbar: Während man versucht das System aufgrund seiner Wechselwirkungen zu verstehen, ändern sich diese. Oder während ich versuche, Sinn daraus zu machen, wie sich die Wechselwirkungen aufgrund der Bauteile ändern, ändern sich diese. Es handelt sich um so etwas wie ein Henne-Ei Problem, und die sind bekanntlich schwer zu lösen. Das Gebiet der Physik, das dieser Situation am Nächsten kommt, ist die allgemeine Relativitätstheorie. Wenn ich beschreiben möchte, wie sich eine Masse im Raum bewegt, brauche ich einen Raum. Dieser ändert sich aber aufgrund der Art und Weise, wie sich die Masse in ihm bewegt. Die enormen mathematischen Schwierigkeiten dieser Theorie sind seit über hunderte Jahre bekannt. Doch meist sind die Dinge in der Physik einfacher: Die Wechselwirkungen ändern sich nicht und sie wirken auf alle beteiligten Bauteile der Materie gleichermaßen. In der Physik gibt es nur vier Grundkräfte, die sich (für die meisten Anwendungen stimmt das) nicht ändern. Diese wirken auf alle beteiligten Körper immer gleich und zeichnen sich auch dadurch aus, dass sie in ihrer Stärke massiv unterschiedlich sind. Das heißt für (fast) jedes Phänomen reicht es vollkommen aus, eine einzige der Grundkräfte zu verwenden, die anderen spielen bei der Erklärung des Phänomens dann praktisch keine Rolle.

2.2 Die Rolle der Netzwerke

Nicht so bei komplexen Systemen. Im Gegenteil hat man hier die Situation, dass man viele verschiedene Wechselwirkungen gleichzeitig betrachten muss, oft mehr als vier. Die Wechselwirkungen sind in ihrer Wirkung auf die Komponenten oft ähnlich stark. Denken Sie an die Wechselwirkungen, die unter

Menschen möglich sind: Freundschaftsbeziehungen, Familienbande, gegenseitige Schulden oder Guthaben, Hass, Austausch von Geschenken, Austausch von Bleikugeln, etc. Die Auswirkungen dieser verschiedenen Wechselwirkungen bestehen in Veränderung der Eigenschaften der beteiligten Akteure: die einen werden reicher die anderen ärmer, die einen werden motiviert, die anderen sterben, etc. Und es ist wichtig, wer mit wem interagiert. Um darüber Buchhaltung zu führen, wer mit wem, wie stark und wann interagiert, bieten sich Netzwerke an. Netzwerke, die sich zeitlich verändern können, sind sogenannte temporal graphs.

Wenn mehrere Wechselwirkungen gleichzeitig wirken, müssen mehrere Netzwerke betrachtet werden, die dieselbe Menge von Knoten verbinden. Diese Mehrfachnetzwerke nennt man Multilayer-Netzwerke. Knoten verändern nun alle Schichten in diesem Netzwerk, die Netzwerke ändern die Knoten, und – um die Sache noch komplizierter zu machen – die verschiedenen Netzwerkschichten beeinflussen sich auch manchmal gegenseitig. Für manche Situationen reichen Netzwerke alleine nicht aus, zum Beispiel dann, wenn zwei oder mehr Komponenten notwendig sind, um eine dritte Komponente zu einer Veränderung ihres Zustandes zu bewegen. Das ist der Fall zum Beispiel bei katalytischen Prozessen in der Chemie oder Biologie. Hier braucht man eine entsprechende Verallgemeinerung von Netzwerken, etwa in Form von sogenannten Hypergraphs.

Wie schon angesprochen, ist weder das Vorhandensein von Daten, noch die Rechenleistung der Grund für unser Unverständnis komplexer Systeme, der Flaschenhals ist das Fehlen einer umfassenden und handhabbaren Theorie. Um zu verstehen, wie Systeme funktionieren, muss man einerseits seine Bauteile kennen und andererseits wissen, wie sie zusammenhängen. Das ist immer so – nicht nur bei komplexen Systemen. Die Zusammenhänge erfahren wir durch Netzwerke. Und – das stellt nun die Verbindung zu Big Data her – Netzwerke sind das, was man in relationalen Datenbanken findet. Wenn etwas in einer Datenbank abgespeichert wird, ist das entsprechende Datum ein Zusammenhang von irgendetwas zu irgendetwas anderem, zum Beispiel die Schulden, die Sie bei Bank X zum Zeitpunkt Y haben. Das ist ein „Link" im Schuldennetzwerk Österreichs. Wenn man alle diese Links zeichnen würde, sieht man, wer wem wieviel schuldet – ein riesiges Netzwerk mit Millionen von Knoten und Links.

2.3 Wissenschaft komplexer Systeme

Normalerweise kennen wir diese Netzwerke nicht, beziehungsweise sind sie uns nicht zugänglich. Selbst wenn sie uns zugänglich sind, was können wir für einen Nutzen aus ihnen ziehen? Meist wenig. Die Wissenschaft komplexer Systeme versucht genau das, sie versucht systematisch herauszufinden, wie sich Eigenschaften von Knoten in Netzwerken ändern, insbesondere die Art und Weise wie Knoten Links kreieren und mit welchen anderen sie sich verlinken. Es geht darum, die koevolutionäre Dynamik von Knoten und Wechselwirkungen gleichzeitig zu beschreiben. Sie versucht eine Netzwerkdynamik zu verlinken mit der Knotendynamik, also den zeitlichen Veränderungen der Knoten. Das ist der Kern der Theorie der komplexen Systeme[4]. Symbolisch kann man das Problem mit zwei „Gleichungen" beschreiben

$$\frac{d}{dt}\sigma_i^{\alpha}(t) \sim F\left(M_{ij}^{\alpha}(t), \sigma_j^{\beta}(t)\right)$$

and

$$\frac{d}{dt}M_{ij}^{\alpha}(t) \sim G\left(M_{ij}^{\alpha}(t), \sigma_j^{\beta}(t)\right)$$

Die obere Zeile heißt, dass sich die Eigenschaften von Knoten i, dargestellt durch σ_i, ändern als Funktion F der Wechselwirkungen M_{ij}, und der derzeitigen Eigenschaften von allen Knoten j, nämlich σ_j. Diesen Typ von Gleichung kennen Physiker als „Bewegungsgleichungen" seit mehr als 300 Jahren. M_{ij} beschreibt das Netzwerk der Wechselwirkungen, also wie Knoten i auf Knoten j wirkt. α deutet den Typ der Wechselwirkung an. β bedeutet, dass Knoten mehrere Eigenschaften haben können. Im einfachsten Fall ist M eine Matrix. Erst die untere, zweite Zeile macht die Sache komplex. Sie beschreibt das Update der Wechselwirkungen M_{ij} als Funktion G der Zustände σ und der derzeitigen Wechselwirkungen. (Für die Fachleute: es soll in dieser Gleichung nicht suggeriert werden, dass es sich um Differentialgleichungen handelt. d/dt heißt hier einfach nur zeitliche Veränderung oder update. Die entsprechenden Summen über Indizes sind in den Definitionen von F und G enthalten, auch wird nicht suggeriert, dies wäre der allgemeinste Fall. Es geht hier lediglich um eine Plausibelmachung des Konzepts der Koevolution.)

Die große Schwierigkeit ist es, für ein gegebenes System die entsprechenden Ausdrücke für F und G zu finden. Diese hängen von den jeweiligen Details

4 S. Thurner, R. Hanel, P. Klimek, *Introduction to the Theory of Complex Systems* (Oxford University Press, 2018).

des Systems ab und können deterministisch sein, oder stochastisch, linear in den Variablen oder nichtlinear. *F* und *G* müssen auch nicht durch Gleichungen beschreibbar sein, sie können einfache oder komplizierte update Regeln darstellen. Das Verständnis eines komplexen Systems wird also in Regeln abgebildet, wie sich Zustände und Netzwerke dynamisch ändern.

2.4 Die Rolle von Daten

Diese obige Gleichung ist derart allgemein, dass sie kaum nützlich erscheint. Der sogenannte Game Changer heute ist, dass sämtliche Elemente der obigen „Gleichung" (immer öfter) direkt beobachtbar sind, also: die σ_s und M_s sind die Datensätze. Mit Big Data sehen wir erstmals die Netzwerke hinter Systemen. Wenn entsprechende Datensätze für ein System mehr oder weniger vollständig vorliegen (in der Sprache der obigen Gleichung: M_s und σ_s liegen zeitlich aufgelöst vor), kann man versuchen, aus der zeitlichen Veränderung von σ und M das zugehörige *F* und *G* herauszufinden, welche die beobachteten Daten am besten beschreiben. Wenn man das schafft, ist man einen Schritt weiter, und beginnt das System zu verstehen – letztlich als Summe von Update-Regeln.

Diese Update-Regeln kann man, wenn man will, als eine Beschreibung eines Systems als Algorithmus verstehen, so etwa, wie man eine Dampfmaschine beschreiben würde. Das ist eine sogenannte „algorithmische Beschreibung" und nicht mehr eine „analytische" – eine Beschreibung als System von Differentialgleichungen – die wir aus den Naturwissenschaften der letzten Jahrhunderte eher gewohnt sind. Nichtsdestotrotz ist eine algorithmische Beschreibung genauso kompatibel mit der wissenschaftlichen Methode wie die analytische.

Eine Möglichkeit, ein komplexes System als Summe von Update-Regeln zu beschreiben ist es, es in einem sogenannten agentenbasierten Modell nachzubauen. Man schafft einen Computeralgorithmus, der das System in einer Start-Konfiguration abbildet und dann in die Zukunft simuliert. Auf diese Weise kann man „Vorhersagen" errechnen, die man dann in der Wirklichkeit überprüfen kann. Vorhersagen für einzelne Knoten und deren Wechselwirkungen werden in den seltensten Fällen gemacht, da sie wegen der Nichtlinearitäten kaum prädiktiven Wert besitzen. Wohl aber können oft Aussagen über die Tipping Points und die Phasen eines Systems gemacht werden, wo also jene Parameterbereiche liegen, an denen drastische Systemänderungen zu erwarten sind. Es ist an dieser Stelle wichtig zu betonen, dass agentenbasierte Modelle in der Vergangenheit einen schlechten Ruf erhalten haben – zum Teil zu Recht. Zu oft wurden Update-Regeln nicht datengetrieben abgeleitet und peinlich verifiziert, sondern einfach unkritisch angenommen. Diese Vorgehensweise produziert dann natürlich jeden beliebigen Nonsens.

Big Data liegt für immer mehr Systeme mehr oder weniger vollständig vor, und damit die dynamischen Netzwerke, die den Systemen zugrunde liegen. Man kennt diese auch immer besser, es wird immer vollständiger mitgeschrieben, was auf diesem Planeten (und anderen Regionen des Universums) stattfindet. Eine Unzahl von Prozessen hinterlässt elektronische Fingerabdrücke, die aufgezeichnet werden. Das reicht von Telekommunikation, Mobilität, Social Media, Gesundheit, Einkaufsverhalten, Informationsflüssen aller Art, Nutzerverhalten, Produktion, Finanz, Wirtschaft, bis hin zu Bewegungs- und Gesundheitsdaten von Nutztieren oder Umwelt-, Klima oder geologischen Phänomenen. Es erscheint fast so, als erstellten wir eine digitale Kopie des Planeten. Selbstverständlich ist der Großteil der Daten, die heute erhoben werden, nicht nutzbar, weil sie nicht in vernünftigem Kontext erhoben werden, nicht zugänglich oder unstrukturiert sind, fehler- oder lückenhaft sind, oder schlicht irrelevant. Dennoch, Daten werden zunehmend strukturiert und damit vernetzbar, was auf der einen Seite zwar Risiken in Bezug auf die Privatsphäre birgt, auf der anderen aber völlig neue Einsichten in die Funktionsweise relevanter Systeme bringt.

3. Die Welt als Summe ihrer Netzwerke

Die Welt muss nicht mehr als die Summe ihrer Teile gesehen werden, sondern zunehmend als Summe ihrer Beziehungen. Das eröffnet eine neue Zugangsweise, ein neues Paradigma. Als Menschen können wir Netzwerke kognitiv schwer fassen. Man kann sich beispielsweise mehrere hundert Menschen merken, auch ihre Namen und einige ihrer Eigenschaften, aber die Beziehungen zwischen ihnen sind mental nicht mehr fassbar. Erst die Wissenschaft hat Werkzeuge entwickelt, die Beziehungen sinnerfassend zu verfolgen. Dies wird möglich mit Data Science und Analytics, Netzwerktheorie, Machine Learning Tools und der Theorie der komplexen Systeme.

Für viele Anwendungen ist es wichtig, die genauen Details der Netzwerke und ihrer Veränderungen zu kennen. Das Fehlen oder Vorhandensein von einzelnen, wenigen Links kann die gesamte Dynamik eines Systems grundlegend verändern. Mit der für die Zukunft durchaus vorstellbaren Situation, dass für einzelne Systeme vollständige Information vorliegen wird, wird es erstmals möglich, komplexe Systeme tatsächlich wissenschaftlich in den Griff zu bekommen. Die Erkenntnis, dass man dann durch die gezielte Veränderung von Netzwerken die Eigenschaften von Systemen drastisch verändern und gezielt „engineeren" kann, eröffnet neue Dimensionen in der Anwendbarkeit der Theorie der komplexen Systeme. Insbesondere kann man versuchen, Netzwerke gezielt so zu verändern, dass sie weitaus stabiler und resilienter werden, als sie „natürlich" gewachsen oder entstanden sind – ohne dass sie dabei ihre Aufgaben schlechter erfüllen.

Das bringt uns zur Frage der Anwendungsbereiche der Theorie komplexer Systeme. Ein neues Weltbild – die Welt als Summe ihrer Netzwerke – bedeutet neue Fragen, die gestellt werden können. Mit den Fortschritten in der Komplexitätsforschung rücken im Speziellen folgende Themenbereiche in den Bereich einer möglichen sinnvollen quantitativen Beantwortung. Ich beschränke mich auf Beispiele aus eigenen Arbeiten.

3.1 Wie kollabieren komplexe Systeme?

Kollaps in einem komplexen System ist oft nichts anderes als eine plötzliche Umgestaltung von Netzwerken. Die Funktion eines Systems wird normalerweise stark durch seine Verlinkungsregeln bestimmt. Ändern sich Links, ändert sich die Funktion. Die einfachste Form von Kollaps ist, wenn Knoten eines Netzwerks verschwinden. Wenn zum Beispiel eine Gesellschaft ausstirbt, verschwinden die Menschen. Dem mag vorhergegangen sein, dass die kooperativen Links in dieser Gesellschaft verschwunden sind und etwa Landwirtschaft in Folge nicht mehr möglich war. Links in einem Kreditnetzwerk verschwinden, wenn Vertrauen zwischen Menschen oder Institutionen verschwindet, und niemand mehr daran glaubt, das Verliehene wiederzubekommen. Wenn in einem Bankennetzwerk Kreditlinks verschwinden, kollabiert der Finanzmarkt. Die Komplexitätsforschung kann hier Aussagen machen, unter welchen Bedingungen der einzelne Ausfall eines Knotens den Ausfall anderer Knoten nach sich zieht, wodurch es zu kaskadenartigem oder lawinenartigem Verschwinden von Knoten und Links kommen kann. Die Berechnung, welche Ausfälle zu welchen Kaskaden führen, bezeichnet man als die Quantifizierung von systemischem Risiko, also einer detaillierten Aufschlüsselung des Kollapsrisikos eines Systems. Es können damit die Schwachstellen eines Systems systematisch identifiziert werden, also diejenigen Knoten und Links, welche im Falle ihres Ausfalls großen, systemweiten Schaden nach sich ziehen. In vernetzten Systemen sind kaskadenartige Ausfälle keine Ausnahme, kein statistischer Ausreißer. Statistisch wird dem mit den sogenannten Fat-Tail Verteilungen Rechnung getragen, welche die Gauß'schen Zufallsverteilungen im Fall von (den meisten) komplexen Systemen ersetzen. Komplexe Systeme erfordern daher eine nicht-Gauß'sche Statistik, die mathematisch leider sehr viel schwieriger handhabbar ist.

3.2 Wie resilient sind Systeme? Wie resilient ist ein Land wie Österreich?

Das Wort Resilienz ist in aller Munde, was heißt es aber quantitativ? Meist nicht viel. Resilienz bedeutet, dass ein System, das eine gewisse Performance aufweist, diese nach einem Schock nach einer gewissen Zeit wiedererlangt. Ein System, das schneller wieder so funktioniert wie früher, ist resilienter als eines, das lange für die (Selbst-)Reparatur benötigt. Ein System ist resilienter als ein anderes, wenn es nach einem Schock ein höheres Performance-Niveau erreicht. Aber was ist Performance? Was ist ein Schock? Das muss im Detail festgelegt werden, bevor der Begriff Resilienz überhaupt Sinn macht. Im Zusammenhang mit komplexen Systemen ist die Performance gegeben durch die Wechselwirkungen in einem System. Der Schock ist eine Störung von Knoten und/oder von Links in einem (üblicherweise Multilayer-)Netzwerk und kann in dieser Sichtweise klar definiert werden. Resilienz ist nichts anderes als die (annähernde) Wiederherstellung der Netzwerke vor der Störung. Sie ist letztlich eine Konsequenz der Link-Update-Regeln.

Am Complexity Science Hub Vienna haben wir versucht, ein Multilayer-Netzwerkmodell der österreichischen Wirtschaft zu erstellen, in dem Zuliefernetzwerke zwischen Firmen geschätzt werden, das Bankenkreditnetzwerk zwischen den Banken, die Kreditnetzwerke zwischen den Banken und den Firmen, Arbeitsnetzwerke, die Netzwerke an Steuerflüssen sowie die Umverteilungsnetzwerke über die öffentliche Hand. Das Modell verlinkt die verschiedenen Akteure der Wirtschaft durch ihre verschiedenen Wechselwirkungen, so wie sie aufgrund aktueller Daten sinnvollerweise angenommen werden können. Nachdem das Modell so kalibriert ist, dass es einen signifikanten Teil der österreichischen Wirtschaft realistisch abbildet, kann man es virtuell in Simulationen stören, also Schocks aussetzen, etwa einer Jahrhundertflut, bei der Firmen, Haushalte und öffentliche Infrastruktur zerstört werden. Abhängig von der Größe des Schadens werden verschiedene Prozesse in Gang gesetzt, die die Wirtschaft ankurbeln: Neue Kredite werden vergeben, gewisse Industrien sehen sich einer Nachfrage nach Maschinen und Baumaterialien gegenüber, produzieren mehr, etc. Man kann im Modell lernen, wie weit diese Prozesse die vorherige Performance, das Bruttoinlandsprodukt, wiederherstellen und wie lange das vermutlich braucht.

3.3 Robuste und faire Lieferketten

Abbildungen von vernetzten Produktionsabläufen können ein völlig neues Licht auf die Art und Weise richten, wie unsere Wirtschaft wirklich – auf Basis der einzelnen Firmen – funktioniert. Fast jede Firma hat Inputs, die sie zur Herstellung ihrer Outputs braucht. Das sind Produkte und/oder Dienstleistungen. Es kann sein, dass eine Firma, sobald einer der Inputs nicht mehr verfügbar ist, ihre Produktion einstellen muss. Das ist vor allem im Produktionssektor der Fall. Die gegenwärtige Lieferkettenkrise ausgelöst von nicht lieferbaren Microchips ist ein Beispiel dafür. Auch hier kann es zu kaskadenartigem Ausbreiten von Produktionsausfällen kommen. Auch hier kann man durch Kenntnis der Lieferbeziehungen und sinnvollen Annahmen zum Produktionsprozess abschätzen, wo die Schwachstellen im Gesamtsystem liegen. Welche Firmen sind systemisch relevant, welche können problemlos verschwinden, ohne einen weiteren Schaden zu verursachen? Mit Datensätzen, die es erlauben, wirtschaftliche Beziehungen etwa aus Mehrwertsteuerdaten abzubilden, kann man für jede Firma ihre systemische Relevanz quantitativ berechnen: Wie viele Arbeitsplätze sind gefährdet, wie viele Steuereinnahmen verschwinden, wieviel sozialen Stress in der Gesamtwirtschaft bedeutet der Ausfall dieser Firma? Erstmals wird ein Bild der Wirtschaft möglich, bei dem nicht hunderte und tausende Firmen in Industriesektoren und sogenannte repräsentative Agenten aggregiert werden. Bisher konnte die Wirtschaftswissenschaft nur mit Aggregaten umgehen, nun werden erstmals die einzelnen Akteure sichtbar. Dies ist immer dann relevant, wenn die Akteure miteinander vernetzt sind, wie dies natürlich in der Wirtschaft meist der Fall ist. Erstmals werden reale Risiken und Schwachstellen sichtbar – und damit im Prinzip auch behebbar. Werden Lieferketten-Netzwerke sichtbar, könnte man auch Steuerhinterziehung systematisch verfolgen sowie Menschenrechtsverletzungen im Produktionsprozess sichtbar machen. Man könnte etwa in den Endprodukten darauf hinweisen, wie viel Unrecht (etwa durch Kinderarbeit) in einzelnen Produkten steckt. Es sei hier erwähnt, dass derzeit in einigen EU-Staaten an Lieferkettengesetzen gearbeitet wird, dass dies aber nicht auf Basis von Netzwerken geschehen soll, sondern nur Firmenweise punktuell erhoben wird, was selbstverständlich keine systematische Erfassung – und damit Schlupflöcher – erlaubt.

3.4 Wie macht man Netzwerke sicherer?

Ein weiterer Anwendungsbereich ist die Frage nach der Verbesserung der Funktion von Systemen durch eine gezielte Veränderung der Netzwerke. Sobald die Schwachstellen eines Systems bekannt sind, zum Beispiel durch die Kenntnis der systemischen Risikowerte, können diese Stellen anders vernetzt werden, so dass diese Risikowerte sinken. Man kann nach einer optimalen lokalen Vernetzung fragen, welche die Schwachstelle mit einer minimal invasiven Intervention eliminiert, oder man kann fragen, wie man ein gesamtes System verbessert, indem man die systemischen Risikowerte praktisch aller Knoten verringert. Dies ist erstmals gelungen in einer Reihe von Arbeiten in meiner Arbeitsgruppe, bei denen wir gezeigt haben, dass das systemische Risiko von Bankennetzwerken drastisch verringert werden kann, wenn man Kreditnetzwerke anders anordnet, in einer Art und Weise, dass keine einzige Bank schlechter gestellt wird[5]. Wir konnten zeigen, dass man so mehr als die Hälfte des Risikos eliminieren kann, ohne das System ineffizienter zu machen oder auch nur einer einzigen Bank zu schaden. In Anbetracht der Gesamtgröße der vorhandenen systemischen Risiken ist eine Halbierung ein beträchtlicher Schritt in Richtung Sicherheit. Wir konnten ebenfalls zeigen, dass eine solche Verbesserung möglich wird, indem man Knoten lokal dazu bringt, sich anders zu vernetzen als sie es bisher taten. Vernetzung findet nicht mehr zufällig statt, wie bis heute meist der Fall, sondern es wird durch eine Steuer, die sogenannte Systemic Risk Tax, angeregt, besonders systemisch risikoreiche Kredite zu meiden. Mit dieser Steuer konfiguriert sich das Netzwerk neu, kommt in einen neuen Modus und ist um ein Vielfaches sicherer[6]. Die Richtung der Optimierung von Netzwerkstrukturen um Systeme zu verbessern, ist ein neuer Zugang in den Bereichen Finanzwirtschaft, könnte aber auch wichtig werden in der Realwirtschaft.

3.5 Wie macht man die grüne Wende?

Ein potentiell relevantes Themenfeld stellt die bevorstehende grüne Wende dar. Hier geht es bekanntlich darum, das derzeitige (globale) Produktionsnetzwerk so zu transformieren, dass ein neues entsteht, das kein fossiles Karbon mehr

---

5 C. Diem, A. Pichler, S. Thurner, *What is the minimal systemic risk in financial exposure networks?*, Journal of Economic Dynamics and Control 116 (2020) 103900.

6 S. Poledna, S. Thurner, *Elimination of systemic risk in financial networks by means of a systemic risk transaction tax*, Quantitative Finance 16 (2016) 1156146.

verwendet, aber dennoch alle Produkte herstellt, die wir brauchen, und das dadurch Arbeit und Wohlstand schafft. Dies muss unter der „Nebenbedingung" funktionieren, dass bei dieser Umstrukturierung möglichst wenig sozialer Stress entsteht, so dass die Zivilgesellschaft nicht an der Wende zugrunde geht. Man muss also ein Netzwerk im Zustand A in ein Netzwerk der Form B transformieren, so dass Netzwerk C, das mit A und B verwoben ist, nicht zu stark betroffen ist. Wie bringt man ein Netzwerk dazu sich zu transformieren? Diese und ähnliche Themen werden zunehmend wissenschaftlich sinnvolle Fragen. Wie dies im Zusammenhang der Grünen Wende funktioniert, ist alles andere als klar und stellt bekanntlich Entscheidungsträger vor derzeit noch unlösbare Herausforderungen. Wir versuchen am Complexity Science Hub Vienna hier einen Beitrag zu liefern, indem wir versuchen, den gegenwärtigen ist-Zustand des Netzwerkes A zu rekonstruieren, zumindest für ein kleines Land wie Österreich. Produktionsnetzwerke ganzer Staaten auf Basis ihrer Firmen sind heute im Normalfall nicht bekannt. Erst kürzlich konnten wir das Produktionsnetzwerk von Ungarn rekonstruieren und auf seine strukturellen Schwachstellen analysieren[7].

3.6 Versteht man den Zerfall der Zivilgesellschaft?

Es wird derzeit oft argumentiert, dass sich Anzeichen eines möglichen Zerfalls der westlichen Zivilgesellschaft mehren. Ist das wirklich der Fall? Zerfällt unsere Gesellschaft, oder transformiert sie sich so, wie sie sich seit Jahrhunderten immer verändert hat? Einige mögliche Zerfallsmodi lassen sich derzeit wahrnehmen: Polarisierung, Fragmentierung und die Bildung von Parallelgesellschaften. Während es Polarisierung in vielen Gesellschaften immer gegeben hat, ist Fragmentierung ein relativ neues Phänomen, bei dem sich die vielen Subgesellschaften und Gruppen immer klarer voneinander abgrenzen. Es bilden sich relativ kleine Gruppen von Leuten, die innerhalb der Gruppen freundschaftlich kooperieren, aber Leuten außerhalb prinzipiell feindlich gegenüberstehen. Man nennt diesen Prozess Bubble-Bildung. Die Gesellschaft zerfällt immer mehr in Bubbles, die nicht mehr durch verbindende Brücken verbunden sind. Dies stellt für demokratische Entscheidungsprozesse eine

7 C. Diem, A. Borsos, T. Reisch, J. Kertesz, S. Thurner, *Quantifying firm-level economic systemic risk from nation-wide supply networks*, preprint arxiv available at https://arxiv.org/pdf/2104.07260.pdf, letzter Zugriff: 22.04.2022.

Herausforderung dar. Wir untersuchen in meiner Arbeitsgruppe, wie soziale Medien zum Prozess der Bubble-Bildung beitragen und finden, dass je leichter die Kommunikationspartner gewechselt werden können, zum Beispiel in sozialen Medien, um so eher Fragmentierung stattfindet. Wir können die entsprechenden Tipping Points ausrechnen. Es liegt also durchaus im Bereich des Möglichen, dass die derzeit beobachtbare Entwicklung eine direkte Konsequenz der sozialen Medien ist[8].

4. Weitere Fragestellungen am Complexity Science Hub Vienna

Mit dem Complexity Science Hub Vienna haben wir in den letzten fünf Jahren eine wissenschaftliche Institution geschaffen, die sich dem Verständnis komplexer Systeme widmet. Mit Big Data Methoden, Data Science, Netzwerktheorie, und Machine-Learning-Werkzeugen versuchen wir ein interdisziplinäres Umfeld zu schaffen, um relevante komplexe Prozesse und Systeme, die das Wohl der Gesellschaft betreffen, besser zu verstehen. Das Motto ist Big Data zum Wohl der Gesellschaft aktiv zu nutzen. In diesem Zusammenhang beschäftigen wir uns mit der Erstellung eines sogenannten digitalen Zwillings von wesentlichen Teilbereichen der Wirtschaft. Wie bereits angedeutet bringen wir hier die verschiedenen Netzwerke, welche eine Volkswirtschaft ausmachen, in einen Kontext, der es uns erlaubt, dynamische Modelle zu rechnen. Hier versuchen wir, unterschiedliche Datensätze, wie das Produktionsnetzwerk, Banken-Firmen Netzwerk, Interbanken Netzwerk, Kommunikationsnetzwerk und das Mobilitätsnetzwerk auf sinnvolle Weise zu verknüpfen und damit unmittelbaren Sinn zu generieren. In speziellen Szenarien haben wir versucht, die Resilienz der österreichischen Wirtschaft, einiger Zulieferketten, sowie das systemische Risiko der Firmen zu quantifizieren. Auf globaler Ebene haben wir Welthandelsnetzwerke in Bezug auf ihre Resilienz analysiert, Kosten von Finanzkrisen abgeschätzt sowie die Auswirkungen ökonomischer Krisen visualisiert; allesamt Arbeiten, die in der Covid-19 Krise eine neue Bedeutung erlangt haben.

Die Anwendungen reichen selbstverständlich weit über den ökonomischen Bereich hinaus. Unsere Arbeitsgruppe beschäftigt sich ausführlich mit

8 T. Minh Pham, I. Kondor, R. Hanel, S. Thurner, *The effect of social balance on social fragmentation*, Journal of the Royal Society Interface 17 (2020) 20200752.

systemischen Aspekten des Gesundheitssystems. In einem Forschungsdatensatz konnte die medizinische Aktivität in Österreich für einige Jahre auf Patientenebene teilweise rekonstruiert werden. Es konnten damit Behandlungspfade von Patient:innen gewonnen werden, die auf unterschiedliche Art und Weise Aufschluss über die Effizienz und Robustheit des Gesundheitssystems geben. So konnten wir aus rekonstruierten Patientenflüssen ein Modell schaffen, das es erlaubt abzuschätzen, wie viele Gesundheitsdienstleister, zum Beispiel praktische Ärzt:innen, in einem gegebenen politischen Bezirk ausfallen können, bevor eine weitere Gesundheitsversorgung nicht mehr gewährleistet werden kann. Das bestimmt den Resilienzpunkt des jeweiligen Bezirks[9]; eine Darstellung der Resilienzpunkte in einer Karte gibt Aufschluss über die lokale Versorgungssicherheit, beziehungsweise über eventuelle lokale Überkapazitäten in den verschiedenen Fachbereichen. Auf diese Weise kann einerseits die systemische Relevanz von Mediziner:innen berechnet werden, auf der anderen Seite die Resilienz des Gesundheitssystems. Schwachstellen – aber genauso auch die Effizienz einzelner Bereiche – können so auf vielen Ebenen gleichzeitig aufgezeigt werden. Derartige Einsichten könnten für eine eventuelle evidenzbasierte Planung des zukünftigen Gesundheitssystems eine wesentliche Rolle spielen. Auf Personenebene werden durch hochdimensionale medizinische Datensätze zunehmend personalisierte Vorhersagen zu Krankheitsverläufen möglich. Diese können aus sogenannten Komorbiditätsnetzwerken errechnet werden[10]. Auch Wirkungen und Nebenwirkungen von Medikamenten können völlig neu, bevölkerungsweit und gendergerecht erhoben werden. So konnten wir nachweisen, dass gewisse Statine eine Rolle bei der Osteoporose spielen[11] oder bei einigen Tumoren protektiv wirken[12].

Weitere Betätigungsfelder am Complexity Science Hub sind der Nachweis und das Messen von Emotionen im Internet, das Verstehen von algorithmischer Unfairness, der Zusammenbruch und Kollaps von Gesellschaften, Städte als

---

9 R. Lo Sardo, S. Thurner, P. Klimek, *Quantification of the resilience of primary care networks by stress-testing the health-care system*, Proceedings of the National Academy of Science USA 116 (2019) 23930–23935.

10 N. Haug, S. Thurner, A. Kautzky-Willer, M. Gyimesi, P. Klimek, *High-risk multimorbidity patterns on the road to cardiovascular mortality*, BMC Medicine 18 (2020) 44.

11 M. Leutner, C. Matzold, L. Bellach, C. Deischinger, J. Harreiter, S. Thurner, P. Klimek, A. Kautzky-Willer, *The diagnosis of osteoporosis in statin-treated patients is dose-dependent*, Annals of the Rheumatic Diseases (2019) 215714.

12 A. Kautzky-Willer, S. Thurner, P. Klimek, *Use of statins offsets insulin-related cancer risks*, Journal of Internal Medicine 281 (2017) 206–216.

komplexe Systeme und deren Bedeutung für die Arbeitsmärkte der Zukunft, das Verstehen und Darstellen von Korruption und der dahinterliegenden Netzwerke. Ein weiterer Bereich ist das Verständnis von Innovation und der Entstehung von Neuem. Wie entsteht Neues, und was braucht es, um sich als Innovation durchzusetzen? Eine Gruppe befasst sich mit systemischen Risiken von Kryptowährungen, eine weitere mit Mobilität und deren Optimierung. Derzeit entsteht eine neue Arbeitsgruppe, die sich nachdrücklich mit dem Thema Grüne Wende beschäftigen wird. Eine Arbeitsgruppe beschäftigt sich mit der Theorie und der Mathematik komplexer Systeme.

5. Zur Notwendigkeit von Theorie

Ich komme noch einmal zurück zum Thema Theoriebildung. *„Big data without big theory is big bullshit"*, wie Geoffrey B. West, der ehemalige Präsident des Santa Fe Instituts in New Mexiko in den USA gerne sagt. Daten ohne Theorie sind Nonsens. Das war in der Wissenschaft seit jeher der Fall, und ist es auch jetzt noch im Zeitalter von Big Data. Wissenschaft braucht gute Daten und Daten bilden den groben Rahmen innerhalb dessen Fragen gestellt werden können. Dennoch: die Fragen selbst werden meist durch ein „Mindset" in einem bestimmten Kontext gestellt. Dieses Mindset wird zu einem großen Teil durch die – wenn verfügbar – Theorie gestaltet. Phantasien, die behaupten, die Ära der Theoriebildung sei mit Big Data zu Ende, sind zu früh, und gehören wohl auch noch in den nächsten Jahrzehnten in den Bereich der Träume und Science-Fiction. Gute wissenschaftliche Fragestellungen – der Kern aller Wissenschaft – werden durch das Vorhandensein einer Theorie, also eines Grundverständnisses einer bestimmten Materie und eine grundsätzliche Sichtweise und Herangehensweise (Paradigma), drastisch erleichtert. Die Herangehensweise wird mitteilbar und damit skalierbar, das heißt, andere Wissenschaftler:innen können mit derselben oder ähnlichen Sichtweise ein Feld systematisch erschließen, kooperieren und abarbeiten. Die Theorie liefert den Kontext, das Korsett und in einem gewissen Sinne auch das Weltbild zu wissenschaftlichen Fragestellungen. Sie etabliert auch die akzeptierbaren Fehler und Ungenauigkeiten, die in dem Feld zu erwarten sind. Und selbstverständlich liefert erst Theorie eine entsprechend zielgenaue Vorhersagekraft und zeigt die Grenzen ihrer Anwendbarkeit auf. Theorie liefert auch einen Rahmen, Regelmäßigkeiten, die in einem Bereich entdeckt und verstanden wurden, auf andere Bereiche sinnvoll zu übertragen.

6. Methoden

Die Theorie der komplexen Systeme benötigt mathematische und computational bzw. algorithmische Methoden. In den letzten Jahrzehnten wurden viele von ihnen entwickelt; das bekannteste Beispiel ist sicher die Netzwerktheorie, die in den frühen 2000er Jahren entwickelt und etabliert wurde und inzwischen auch in viele andere Wissenschaftszweige Eingang gefunden hat, wie in die Sozialwissenschaften oder die Systembiologie. Fehlende Methoden stellen oft den Flaschenhals im Verständnis dar. Einer der Problembereiche stellt die Statistik von stark korrelierten Systemen dar. Durch ihre Vernetzung sind Variablen in komplexen Systemen meist auch stark korreliert, es kommt dadurch zu den erwähnten fat-tailed Wahrscheinlichkeitsverteilungen. Der Umgang mit diesen Verteilungen, sowie die Aufklärung ihres Ursprungs und die entsprechende mathematische Verallgemeinerung der Statistik und ihrer Anwendungen ist Gegenstand intensiver Forschungen. Bisher konnten fünf grundlegende Mechanismen identifiziert werden, die auf statistische Potenzgesetze (eine wichtige spezielle Form der fat-tailed Verteilungen) führen. Einen dieser Mechanismen konnten wir in meiner Arbeitsgruppe beisteuern[13]. Ein weiterer wichtiger Bereich im Zusammenhang der Wissenschaft von Netzwerken ist das Erstellen von sogenannten Nullmodellen, also Vergleichsmodellen, die man als Referenz heranziehen kann, um gewisse Phänomene überhaupt erst statistisch nachweisen zu können. Die Dynamik von Multilayer-Netzwerken ist ein weiteres quasi unerschöpfliches Feld, die Verallgemeinerung auf Hypergraphen werden Wissenschaftler:innen noch im kommenden Jahrzehnt beschäftigen. Themenbereiche der Mustererkennung in komplexen Systemen ist ein Feld, das Hand in Hand mit Entwicklungen des Machine Learnings und AI gehen.

7. Vorgehensweise

Die typische Vorgehensweise in der Wissenschaft komplexer Systeme kann man vielleicht vereinfachend so zusammenfassen. Man beginnt mit der Frage, ob die zugrundeliegenden Netzwerke eines Phänomens oder eines Prozesses

13 B. Corominas-Murtra, R. Hanel, S. Thurner, *Understanding scaling through history-dependent processes with collapsing sample space*, Proceedings of the National Academy of Science USA 112 (2015) 5348–5353.

vorliegen, oder zumindest deren Klasse bekannt sind. Als nächsten Schritt klärt man, ob man versteht, wie die Netzwerke und deren dahinterliegende Wechselwirkungen die Knoten bzw. ihre Eigenschaften verändern; und insbesondere, ob man Regeln für diese Dynamik aus vorhandenen Daten ableiten und valide testen kann. Als nächstes gilt es abzuklären, wie Knoten Netzwerke verändern und nach welchen Regeln das geschieht. Versteht man weiter, ob und wenn ja, wie Netzwerke in einem Layer die Netzwerke an anderen Layern beeinflussen und verändern? Können wir dazu aus Daten entsprechende Gesetzmäßigkeiten ableiten und validieren? Wenn diese Fragen geklärt sind, kann man daran gehen, ein Modell des Phänomens oder Systems zu bauen. Mit den gewonnenen Regeln erstellt man zum Beispiel ein Computerprogramm, das meist algorithmisch das System dynamisch simuliert. Das Erstellen des Modells zwingt einen dazu, systematisch durchzudenken, wie das System auf Basis seiner Bauteile und inneren Zusammenhänge funktioniert. Auf diese Art entwickelt man Verständnis für das System. Oft ähneln Systeme einander in ihren Update-Regeln und führen deshalb auf ähnliche Ergebnisse. Hier kommt die Macht der Wissenschaft und ihrer Systematik ins Spiel, und man kann auch ohne konkrete Simulationen spezielle Dynamiken und Systemeigenschaften antizipieren. Die genaue Kenntnis des Systems, zum Beispiel die Position der Tipping Points im Parameterraum (Phasendiagramme) muss dann durch konkrete Rechnungen gewonnen werden. Wo entsprechendes Wissen über update Regeln oder Netzwerkstrukturen oder (Multilayer-) Netzwerkdynamiken fehlt, müssen Annahmen getroffen werden. Die Auswirkungen dieser Annahmen müssen mit großer Sorgfalt getestet werden, genauso wie die zu erwartenden Fehler in den Ergebnissen. Nur so kann sichergestellt werden, dass Aussagen über die meist hochgradig nichtlinearen Systeme sinnvoll bleiben. Gelingen diese Schritte, hat man vielleicht etwas der Essenz eines komplexen Systems verstehen gelernt. In den wenigsten Fällen hilft dieses Verständnis, die wahrhaft relevanten Parameter eines komplexen Systems zu identifizieren und ein niedrig dimensionales Modell dessen zu entwickeln, wie wir das in den klassischen Naturwissenschaften bislang gewohnt waren. Der Teufel in den komplexen Systemen steckt meist darin, dass sie von ihren Details abhängen. Aber diese bekommen wir mit Big Data zunehmend in den Griff. Das ist hier zumindest die generelle Hoffnung.

8. Conclusion

Zusammenfassend kann man festhalten, dass Netzwerke von Millionen von Wechselwirkungen in komplexen Systemen erstmals sichtbar werden. Wie immer erlaubt uns die Kenntnis der Bauteile und deren Interaktion ein Verständnis der Funktionsweise eines Systems. So auch hier. Die immense verfügbare Rechenleistung macht das zumindest im Prinzip möglich. Diese Netzwerke selbst sind nichts anderes als Big Data, sofern diese korrekt, zugänglich, verwendbar und verknüpfbar sind. Komplexe Systeme werden damit erst mit Big Data erstmals handhabbar. Diese Möglichkeit erlaubt uns, ganze Wissenschaftszweige neu zu denken. Es muss nicht mehr aggregiert werden, man kann auf die „Atome" der Systeme selbst zurückgreifen und daraus die Systemeigenschaften errechnen. Der große Flaschenhals dabei ist derzeit nach wie vor das Fehlen mathematischer Methoden, sowie eine umfassende Theorie der komplexen Systeme, deren Umrisse sich aber beginnen abzuzeichnen[14]. Aus dem Verständnis von immer mehr Einzelsystemen entwickelt sich allmählich eine allgemeine Systematik, mit der man an neue Themenfelder herantreten kann und in das Verständnis mit integriert. Das Ziel der Wissenschaft bleibt weiterhin, systematisch Sinn aus Daten zu generieren, genauso wie es seit Beginn der modernen Wissenschaft immer der Fall war.

14 Siehe Fußnote 4.

Simulation in Chemistry

Leticia González

1. Introduction

When we think about Chemistry, I am sure almost everyone imagines a wet lab full of bottles with colorful and smelling liquids. Then, as a chemist, the figure that emerges is a person in a white coat with a flask in the hand, someone who without a spell can nevertheless invoke some magic happening, maybe a liquid that upon stirring changes its color. It is not magic; a chemical reaction is on place! What very few would probably think is that this change of color is associated with a large number of complex but fundamental processes related to the molecules contained in the liquid. These molecules move according to a logic that is dictated by the strict rules of the quantum mechanics. The goal of this contribution is that the reader can see that chemistry is more than a mere change of colors; it is also a beautiful symphony or a perfectly orchestrated choreography, where the atoms of a molecule, dance to the rhythm of well-defined physical laws – pretty much as the dancers of a Viennese ball move their feet and bodies accompanying the music of a beautiful waltz. That atoms and molecules are in a constant dance was said by the famous physicist Richard Feynman in 1963, maybe in a less rhythmic form as: *"Everything that is living can be understood in terms of the jiggling and wiggling of atoms"*. Every single molecule in the universe, regardless of whether it builds a complex material or a biological organism is made of atoms dancing. This means that if we want to understand chemistry, we need to understand a number of questions related to how the atoms dance. Probably a very intriguing one would be: Why do atoms and molecules wiggle and jiggle at all? Here the laws of quantum mechanics come to our rescue: The atoms of a molecule are quantum particles and as such, they cannot have zero energy, they need to move for eternity. One could also wonder – how fast do they wiggle and jiggle? Well, the speed of these particles is carefully governed by the laws of quantum mechanics. As scientists, the most fascinating question is probably – can we watch molecules as they dance? This is what simulation is about! However, the journey started with quantum mechanics, and this is where we will dive in the next chapter. The aim of this contribution is to offer the reader a glimpse of the quest that chemical sciences have undergone in order to be able to watch, in real time, a reaction happening and the key role that simulation has played on it.

2. Back to the origins of quantum mechanics

Before one can really discuss about "seeing" what is behind chemistry, one needs to make a short detour in physics – where quantum mechanics was born almost a century ago. The smallest chemical system one can think about is the hydrogen atom. In 1926, the Austrian physicist Erwin Schrödinger postulated his famous Schrödinger equation, with a time-independent version that can be read as $H\Psi=E\Psi$. In this eigenvalue equation H is the so-called Hamilton operator, Ψ is the wave function – a function that describes the system and all its properties and depends on the coordinates of the atom – and E represents the energy of the system; in this simple case, E is the energy of the hydrogen atom. This equation is not only valid to find the energy and the wave function of the hydrogen atom, but also of every other molecule regardless its size. However, the apparent simplicity of this equation is deceptive as it can only be solved exactly for the hydrogen atom. The hydrogen atom consists of two particles, a nucleus and an electron. Any system containing more than one electron, even two, poses an impossible contest. This challenge was phrased by the English theoretical physicist Paul Adrien Maurice Dirac in 1929 in a quote that is very often to find in books:

> The underlying physical laws necessary for the mathematical theory of a large part of physics and the whole of chemistry are thus completely known, and the difficulty is only that the exact application of these laws leads to equations much too complicated to be soluble.

This pessimistic perspective tells us that the physics has laid the fundaments, putting forward the equation that one needs to solve to decipher how molecules behave, but for Chemistry, where hundreds of atoms play a role, the situation is hopelessly dark. However, the quotation of Dirac continues with something that it is found much less often in the textbooks, saying:

> It therefore becomes desirable that approximate practical methods of applying quantum mechanics should be developed, which can lead to an explanation of the main features of complex atomic systems without too much computation.

This sentence brings back light into the dark. In his vision, Dirac hoped for approximate practical methods that could explain complex atomic systems (surely, he was thinking about Chemistry) without too much computation. He was right that such *"approximate practical methods"* would come soon but that of *"without too much computation"* mistarget by long. Little could Dirac imagine how tenacious chemists would pursue the art of computing to the extent to be always ready to challenge every computer and keep it full to the limits. But this is already a spoiler into the future and a glimpse into the major role that simulation would play and still plays in Chemistry. Let us return to the 20s, the times that saw the birth of quantum mechanics.

Probably the origin of what now is called Quantum Chemistry owes its birth to six gentlemen. Douglas Hartree and Vladimir Fock laid in 1930 what textbooks write as the Hartree-Fock equations, specifying how the wave functions for many electron systems should look like. Nevertheless, it had to wait until 1951, where Clemens C. J. Roothaan and George G. Hall defined a matrix formulation of the Hartree-Fock equations that were then solvable using methods from linear algebra. This is not to say that it could be straightforward solved for large molecules – and large is meant here just a handful of atoms – but it was a beginning. Few years later, in 1965, the also Austrian physicist, Walter Kohn, together with the American physicist Lu Jeu Sham, pursued in parallel another avenue to solve the problem of a many electron system, proposing another mathematical equation underlying what today is known as density functional theory. Instead of a wave function, density functional theory uses the electronic density. The electronic density, which is a measure of the probability of finding an electron somewhere in a point of the space, is a quantity that can be observed experimentally – in contrast to the wave function, which is only a mathematical entity. Density functional theory started then an attractive success story as it became one of the most appealing methods employed not only in computational chemistry but in condense-matter physics, where it actually started. The appeal of density functional theory was that it was based on an equation that in principle – although only in principle – should be easier to solve exactly than that behind wave function theory. But here again, we are getting ahead of ourselves, as none of these theories would have been more than theories in a book unless computers would have not developed at the very same time.

3. The advent of computation and the birth of quantum chemistry

Already at this time, computers started to mature and that provided the first opportunity to code the equations behind wave function theory and approximate versions of density functional theory on a computer program. In the 60s, the first general quantum chemistry computer codes, such as POLYATOM and IBMOL began to emerge and could be run on IBM Mainframes, like the IBM 704 built in the MIT computational center. The IBM 704 was a large-scale computer that filled a room and it was the first mass-produced computer that could get complex math solved, owing to its ability to handle floating point arithmetics in hardware. Although, the central processing unit of an iPhone 12 today is ten million times faster than the IBM 704, it seemed a mind-bogglingly large computer at the time and allowed scientists to start calculating for the first time the energies and the wave functions of diatomic molecules – the next step of complexity in the chemistry ladder after the hydrogen atom.

In 1970, a team of scientists around John Antony Pople, a British theoretical chemist working at the Carnegie Mellon University in Pittsburgh, pioneered the development of the Gaussian suite of programs[1] with the Gaussian 70 program being the first in a long list to come. With Gaussian 16 as the last version, this is a quantum chemistry package still in use today. Gaussian became a reference for performing simulations in Chemistry and it is probably the most extended commercial suite sold in the world and used more broadly. Every advance method beyond the Hartree-Fock and those behind density functional theory have been continuously implemented in Gaussian since the 70s. With the years, other codes, both commercial and open source, appeared and all have allowed hundreds of chemists and alike to perform quantum chemical computations. Computed energies and wave functions of ever-growing molecular size allow chemists since then to explain and predict reactivity, chemical properties, functions, and all in all, look at chemical reactions in a computer. With time, simulations in quantum chemistry became ubiquitous; theoretical chemistry was born as an autonomous discipline, but its utility was recognized by many chemists in experimental fields. Thus, in 1998, the Swedish committee granted the Nobel Prize in Chemistry to Walter Kohn as a recognition "*for his development of the density-functional theory*" and John A. Pople "*for his development of computational methods in quantum chemistry*". Both are today considered the fathers of quantum chemistry.

1 https://gaussian.com, letzter Zugriff: 22.04.2022.

This revolution in computation could have not taken place without the raise of vector- and parallel computers – such as the Cray 1 – in the 70s. The Cray 1, the first computer able to perform multiplication of floating-point vectors in one step, started operating in 1976, was already 10.000 times faster than the IBM704 and dwarfed all the computers that had come before. To the delight of the chemists, with the help of this new generation of computers, the dream of calculating energies and structures of (finally!) polyatomic molecules became possible. By virtue of coding theoretical methods more advanced than Hartree-Fock theory, it was then possible to deliver energies so accurate that it could compete for the first time with experimental accuracy. Of course, the computers still get faster every day. To get an idea of how reckless they develop, for comparison, the Vienna Scientific Cluster (VSC) 4, installed in 2019 in Austria and still in place today, was ten million times faster than CRAY 1. At the time of launching in 2019, the VSC4 it was the top 82 among all computers in the world and as today is still on number 162 on the list. The VSC4 hosts a long list of chemical simulations on a daily basis, besides computations from other disciplines. Does this mean that we are at the end of the road? Can any molecular system of any arbitrary size be calculated by the Schrödinger equation? Unfortunately, not even today this is possible. Depending on the accuracy desired and the amount of computer resources available, one can compute the energies or simple properties of systems up to thousand atoms with wave function theory, or few thousands with density functional theory at most, which even today is still cheaper than advanced methods based on wave function methods even if less accurate. Complicated properties or particularly accurate energies can only be computed for, maybe, one hundred atoms in the best case. Extensive solid materials can only be modelled with density functional theory. However, if one wants to simulate much larger materials or biological systems, say how a protein folds, an ion-channel opens or close, or many of the processes that one can find in biochemistry, with systems consisting of several thousands of atoms, or millions of them, quantum chemistry is far, far from reach. Alternatively, classical molecular dynamics, a method where atoms are classical balls and the trajectories of molecules are determined numerically by following Newton's equations of motion, is the only possibility.

In the mid 70's, yet another Austrian chemist, Martin Karplus, working in Harvard, together with Michael Levitt and Arieh Warshel, figured out that it should be possible to partition large systems so that some atoms are described using accurate quantum mechanics and the rest (the majority of them) only the classical laws of physics. In a short time, this – divide and conquer – strategy gave rise up a new generation of methods that are known as multiscale methods because by virtue of this wise partition, one could bridge spatial scales and model very large systems. Although this idea of just breaking up the system into pieces and treating them with different levels of complexity would seem naïve, its impact was remarkable and opened up virtually unbounded opportunities for simulation of biochemical and biophysical processes. Accordingly, this achievement was recognized with the Nobel Prize in Chemistry in 2013, awarded jointly to Martin Karplus, Michael Levitt and Arieh Warshel "*for the development of multiscale models for complex chemical systems*". Not every molecular system can be partitioned in this form and thus modelled with this type of methods, so there is still plenty of room at the top (and probably for some more Nobel Prize winners!) but certainly with wave function theory, density functional theory and multiscale tools, a large number of problems in the realms of Chemistry can be calculated to-date.

4. The femtosecond rhythm of chemistry

Molecular dynamics is a simulation method that allows to describe how the atoms move in time. If using the classical Newton's law can already provide us with the trail that an atom takes from place to place in time, one could wonder, do we need quantum mechanics at all? This classical vision of chemistry can indeed "see" how the rhythm with which the atoms of a molecule move, or in the words of Feynman, how atoms jiggle and wiggle, but – and this is the flaw – with atoms that are only represented as classical balls hold by springs – this means, that electrons do not exist. The electrons though are cardinal for a chemical reaction to take place, they held the atoms together and they are the protagonist in any chemical reaction. The motion of the nuclei follows the forces created by the electrons. Without having electrons, the motion of the nuclei is at best described only approximately, or depending of the process, simply wrong. And as electrons are quantum particles, if one desires to describe them properly, one needs to be back to quantum mechanics. The Newton's equation behind molecular mechanics is only a compromised shortcut to solve another of the forms in which the Schrödinger equation manifests: the one that also includes time and thus is coined in the textbooks as the time-dependent Schrödinger equation. In this equation, the wave function is an entity that not only depends on the coordinates of the particle, as above, but also on the time. Therefore, if one wants to simulate how really atoms jiggle and wiggle in an accurate form, the electronic problem – the one that it can be described by wave function and density functional theory as it was related before – and the nuclear problem are coupled, and both need to be solved simultaneously. Until now we have accounted the long battle that quantum chemistry went in order to solve the electronic problem: it is now the right moment to explain how the nuclear problem could be mastered in computational chemistry.

It is probably the time (sic!) to wonder, in which time scale do atoms move? In order to answer this question, one can look at the range in which chemical reactions take place. Let us imagine the example where a chemical bond breaks. Generally speaking, a chemical bond is about 1 Angstrom long, and this corresponds to 10^{-10} (ten to the power of minus ten) meters. The particle's average velocity is 1000 meters per second. A simple math calculation returns that the time it takes to travel one Angstrom at this velocity is 10^{-13} (ten to the power of minus thirteen) seconds, or 100 femtoseconds. One femtosecond is equivalent to 10^{-15} seconds or 0.000000000000001 seconds, a comma followed by fourteen zeros! A femtosecond is one quadrillionth, or one millionth of one billionth, of a second. It is difficult to imagine how small a femtosecond is, as the quotidian activities we do in our macroscopic world take place in a scale that it is much longer than that. Light takes one second to travel the 385.000 km from the Earth to the moon. However, in one femtosecond light travels merely 300 nanometers, which is approximatively the size of a large virus! In one femtosecond an electron can orbit eight times around a hydrogen atom. A femtosecond is a really, really short time. Maybe a glimpse into how small a femtosecond is can be provided by the following analogy: If one could imagine that a second is only as long as a femtosecond, then the age of the Universe would be only seven minutes long!

If a femtosecond is so incredibly short and this is the time scale at which atoms are moving, how could one possibly watch an atom moving in real time? Femtochemistry is the area of Chemistry that study chemical reactions in real time, that is to say, in femtoseconds. Femtochemistry reminds to the problem of how to make photographs of an object in motion. A nice analogy that is brought up often to explain the essence of Femtochemistry is that of the galloping horse problem. Horses run so fast that the human eye cannot break down every step of their gait. Thus, early paintings could only guess how horses gallop. Indeed, artists until the nineteen-century painted running horses with the front legs extended forward and the back legs extended to the rear so that all the feet are not touching the ground, like in the flying gallop seen in "Baronet" painted by George Stubbs in 1794, see Figure 1. This inaccurate

Fig. 1 Flying gallop seen in "Baronet" by the English painter George Stubbs, 1794, best known for painting horses. The position of the horse with the front legs extended forward and the back legs extended to the rear shows the common perception of the time of a galloping horse, a position that now is known to be impossible in a horse. Public Domain. Adapted from https://commons.wikimedia.org/wiki/File:George_Stubbs_(1724–1806)_-_Baronet_with_Samuel_Chifney_up_-_RCIN_400587_-_Royal_Collection.jpg

picture of horses at a trot was common to see until the first photograph in motion was taken by the English photographer Eadweard Muybridge in 1878. He was the first able to capture motion with the fastest camera of the time. Such great achievement was the result of an amusing bet. In 1872 Muybridge was approached with the intriguing question of whether all four feet of a horse leave the ground at the same time during the trot and gallop. It took him six years to proof that they do, but not like contemporary illustrations depicted. Muybridge's groundbreaking work established that when a horse is completely off the ground, its legs are collected beneath the body and not extended out to the front and back, see Figure 2. He placed numerous large glass-plate cameras in a line along the way the horse would pass and triggered the shutter of each in a thread as the horse passed. Actually, this can be considered as the birth of first cinematographic film; a sequence of photographs taken with the fastest camera of the time! A step further are the many photographs we can see nowadays of moving objects frozen in time. This slow-motion trick, where the time appears to be slowed down, is now ubiquitous in modern filmmaking to capture a key moment in a sport game or natural phenomena, such as a drop

Fig. 2 The sequential series of the original 12 photographs depicting "The horse in Motion", by the English photographer Eadweard Muybridge (born Edward James Muggeridge), 1878. Public Domain. Obtained from https://de. m.wikipedia.org/wiki/Datei:Muybridge_race_horse_gallop.jpg

of water hitting a glass. Slow motion can be accomplished through the use of high-speed cameras, what means having a shutter that opens and closes at a super speed. A standard movie requires usually 24 frames per second to display normal speed. Dramatic effects with slow motion can be achieved already with 60 frames per second; modern smartphones can already record 120 frames per second to achieve slow motion.

We can now come back to the problem of freezing an atom in a molecule in an instant photograph, or even further, how to make a movie in slow motion of a molecular system moving in real time. How can this be achieved in the time scale that it happens? From the description of the galloping horse or the slow-motion photographs, it should be clear that we need a shutter that opens and closes in the same time scale as the atoms move, this means, that operates in femtoseconds. For this purpose, one uses femtosecond lasers, a technique that is called time-resolved spectroscopy, and exploits high-precision coherent lasers that can emit electromagnetic radiation at an extremely fast rate – as fast as a femtosecond. Actually, in order to make a molecular movie, one uses two lasers. One is called the pump laser, this is the first, and it starts the chemical reaction, for example, it kicks the molecule and breaks a bond. As a result, the molecule is not anymore in equilibrium and the constituting atoms start evolving in time, in ways different that they would do before the pulse arrived (while in equilibrium, they would do a movement that could be metaphorically seen as a chaotic breathing). The second laser is the so-called observation laser pulse. It is fired at different time delays after the first pump pulse and at each time delay it takes a photograph of the moving molecule, in rather an analogous way in which Muybridge would trigger the shutter and capture the horse as it runs. For this reason, this type of spectroscopy is also called pump-probe spectroscopy and it is the essence of Femtochemistry.

As with the movie taken by Muybridge, when femtosecond spectroscopy was invented, it was considered the fastest camera of the time. The femtosecond laser was introduced in the U.S. in the late 1980s. It was the Egyptian-American chemist Ahmed Hassan Zewail who, in 1988, published an article[2] that mentioned the word Femtochemistry for the first time. The titled of his publication was "Laser Femtochemistry" and there he described an experiment where he was mapping for the first time the transition state region of a chemical reaction, a bond first breaking and then reforming. Copying textually from the abstract, he wrote

> With lasers it is now possible to record snapshots of chemical reactions with sub-angstrom resolution. This strobing of the transition-state region between reagents and products provides real time observations that are fundamental to understanding the dynamics of the chemical bond.

Later in 1999, Ahmed Zewail received the Nobel Prize in Chemistry for *"his studies of the transition states of chemical reactions using femtosecond spectroscopy"*. His pioneering experiment, and many more that followed by him and others, showed that, using ultrashort laser pulses, it was possible to see how atoms in a molecule move during a chemical reaction, opening a new field of research: that of femtosecond spectroscopy. With this contemporary technique one can study a vast array of ultrafast reactions across Chemistry and obtain unprecedented knowledge about the reaction mechanisms, transition states, ultrafast structural relaxations, and in general of any structural change of the molecule. Finally, we have arrived to an answer to our initial question of how one can

2 A. H. Zewail, *"Laser Femtochemistry". Science 242, 1645–1653 (1998).* DOI: 10.1126/science.242.4886.1645.

observe the jiggling and wiggling of atoms: by means of femtosecond spectroscopy – a technique that had to wait almost thirty years after Feynman stated that every atom in the universe moves.

Notwithstanding its immense relevance, femtosecond time-resolved signals are difficult to interpret for molecules larger than two atoms – as in the ground-breaking first experiment of Zewail. Computer simulations can then provide atomistic insight into what in chemical terms is known as the topology of the potential energy surfaces that describe a molecule in a chemical reaction. The obvious next question is then, can one model in the computer explain the very same chemical reaction that lasers initiate in the laboratory? The rushed answer would be yes. Using the time-dependent Schrödinger equation one can also simulate the femtosecond time shots that the laser pulses capture in the laboratory, for example the fundamental transformation of breaking and forming a chemical bond, which takes place in few hundreds of femtoseconds. Theory can indeed provide the explicit molecular movie that an experimental signal indirectly hints at. This is great, but is, however, only a small part of what a chemist in the laboratory might see. Let us now recall the liquid that, upon stirring, changes its color in the hands of the chemist with the white coat. This color change that our eyes detect takes place in seconds, and seconds mean a very, very long time in comparison with the femtosecond time scales that we have spoken until here. We can now make a simple calculation and assume that simulating one femtosecond in the computer quantum mechanically takes one hour. One hour could be a realistic time and it is even optimistic, as anyone that have done quantum mechanical calculations for a medium-size molecule knows. Then, because one second has 10^{15} (ten to the power of fifteen) femtoseconds, in order to simulate a process that takes, let us say one second for simplicity (although it can be longer), one would need 10^{15} computer hours. This is equivalent to 10^{11} (ten to the power of eleven) computer years! This is such a large number that again it is probably very difficult to imagine in our daily life. But it suffices to compare it with the age of the universe, which equals to 14 billion years, or 10^{9} (ten to the power of nine) years, to grasp the immensity of this number. Certainly, one can parallelize the calculations – something that it is routinely done in computer science – and maybe reduce the time by one or two orders of magnitude; yet, it is simply impossible to carry out a quantum mechanical simulation during one second in this way, even if one could dispose of all the computer power of the world. Therefore, the longer and more elaborated answer to our initial question is that, as today, we are not yet in the position to simulate the dynamics of chemical reactions as they happen every day in a wet laboratory. Actually, it is rather a hopeless situation! For that reason, state-of-the-art quantum mechanical simulations of chemical reactions are restricted to few picoseconds, 10^{-12} (ten to the power of minus twelve) or one trillionth of a second. Despite this "short" time scale, such dynamics simulations provide nowadays a very valuable insight into a vast array of fundamental chemical processes in the ultrafast range, as we will illustrate in chapter 6 of this contribution, but as with anything, also let a door open to use imaginative ways go beyond what is possible today.

5. Cracking the challenge of making simulations in Chemistry

One may wonder, is there any way to alleviate the problem of computing such long-time scales? One possible solution is artificial intelligence, which is now bursting in so many different fields. Artificial intelligence has many definitions – which we will not go into – and foremost, many flavors. One of them, machine learning, and in particular the use of multi layered neural networks, which is usually termed as "deep learning", is getting many adepts in computational chemistry. Machine learning can be understood as the use of computer algorithms that are able to learn and adapt automatically without following explicit equations as a model, by drawing inferences from patterns in data, large amounts of data. As one example of relevance here, artificial intelligence offers the possibility of obtaining machine learning potentials, this means, potential energy surfaces that are not anymore calculated with expensive wave function theory or density functional theory, but automatically learned. Extensive training with a significant amount of available or precomputed data is needed, but once this is done, such machine learning potentials, for example obtained from neural networks, can be exploited to significantly extend the time range of dynamics simulations beyond the picosecond time scale. In one pioneering publication from our group,[3] we showed that one could perform a dynamic simulation of a six atomic molecule during one nanosecond (10^{-9}) long. Instead of hours, using neural networks one femtosecond of simulation costed only one second, so the time propagation of one nanosecond took eleven days in a supercomputer using parallelized architecture. At

3 J. Westermayr, M. Gastegger, M. Menger, S. Mai, L. González, P. Marquetand, *"Machine Learning Enables Long Time Scale Molecular Photodynamics Simulations"*, Chemical Science 10, 8100–8107, (2019), DOI: 10.1039/C9SC01742A.

the same pace, however, simulating one second would take 107 years, which is still out of reach. Just as an illustration, within just few months, another publication turned up, showing that it was possible to carry out ten nanoseconds in a related dynamical simulation. And many more continue to be in the front pages of renowned chemical magazines. Therefore, one has been able to extend current quantum simulations using a variant of artificial intelligence methods from the picosecond to the nanosecond regime, and this giant leap has taken just few years.

The field of machine learning applied to computational chemistry for dynamics simulations (as well as for quantum chemistry and related areas that will not be discussed here) has become one of the hottest fields and without any doubt will continue its ratcheting. Expect the same growth in the years ahead and there is a good chance that the nanosecond barrier is broken within the next decade, coming to simulation times close to milliseconds or with a bit of luck, even to a second!

Until this glorious instant comes, a computational chemist needs to make choices, basically about whether to use quantum or classical computational models. Invoking quantum mechanics restricts routine (notwithstanding their still demanding computational cost) dynamical calculations to the picosecond at most, or to the nanosecond using machine learning parameters. In both cases, the systems at hand are not very large, less than one hundred atoms in the first case at most, and about a dozen in the second, although breakthroughs are expected. If longer times or very large systems are in order, as it is the case in for instance with some biological processes, then the method of choice is still today the compromised solution of using classical molecular dynamics. Certainly, also the field of molecular dynamics is plagued with machine learning advances and we can expect the simulation times to be pushed one or two orders of magnitude. Likewise, machine learning is starting to invade the multiscale methods and also here we are likely to witness great developments in the years to come.

One of the reasons behind the success of machine learning, especially using neural networks, is the advent of computer hardware that is able to perform the underlying mathematical operations, most commonly matrix multiplications and other operations needed for doing linear algebra, in an extremely efficient manner. This type of hardware is known as graphical processing units (GPUs). GPUs became popular in the 90s for playing video games, which have become more and more graphically demanding. GPUs consist of literally thousands of processing units (cores), which are all specially designed for doing efficient matrix vector computations, the fundamental mathematical operations needed for displaying high end graphical pictures and animations. Starting around 2010, computer scientists started to use GPUs in training neural networks, since the mathematical operations from linear algebra that are used in the computer graphics are very similar to the fundamental computations used for neural networks. In parallel, computational chemists have tried to make use of the ability of GPUs to run algorithms based on linear algebra extremely efficient. Nowadays there exists software suites that run completely on GPUs, and most of the standard codes are able to offload at least parts of the code to GPUs, making quantum chemical calculations, in particular employing the basic Hartree-Fock and density functional theory, very efficient. The calculation of the energy of a system composed of 1000 atoms can since a couple of years be computed in hardly few seconds in a computer that is no much larger than a personal desktop. What an impactful advance this is, can be grasped recalling that a calculation of a diatomic molecule fifty years ago in an IBM 704 type of computer would fill a room and would take more than a day.

The boost of GPUs has been yet more spectacular in the field of classical molecular dynamics. As an example, let us imagine that we want to perform a classical dynamical simulation during 1000 nanoseconds on a system that contains circa 90.000 atoms. Using the most recent GPU, in 2022 one can simulate about 400 nanoseconds per day. Compare this with the 0.64 nanoseconds per day that can be done by a CPU. Utilizing GPUs means that 250 nanoseconds can be simulated within two and a half days instead of the 4.2 years that it would take in a CPU used in a sequential manner. Despite this advance, GPUs are nevertheless not the tool to arrive to milliseconds of chemical simulations. At the same speed that we have calculated above using GPUs, simulating one millisecond would take 6.8 years, and this is obviously not practical. Here a clarifying note is probably in order. To consume, say, even 100 years of CPU time in a modern supercomputer is not "the" problem. One hundred years of CPU time is about one million CPU hours and this can be a perfectly reasonable amount of time to be spent by a chemist (or by any other scientist) in a computer like the Vienna Scientific Cluster, even within few weeks. The problem is that using all the possible parallelization software available to-date, one can only simulate a couple of hundreds of nanoseconds in one day, so that the simulation of one millisecond needs to wait for many years. The wall to fall is not the computational cost, but the time that it takes to arrive to such long times, as time propagations are sequential chains of events, in which the result of the preceding step is needed to calculate the next.

6. Status quo and examples

Let us here recapitulate what is the status quo in the field of computational chemistry dealing with dynamics simulations, also sketched in Figure 3.

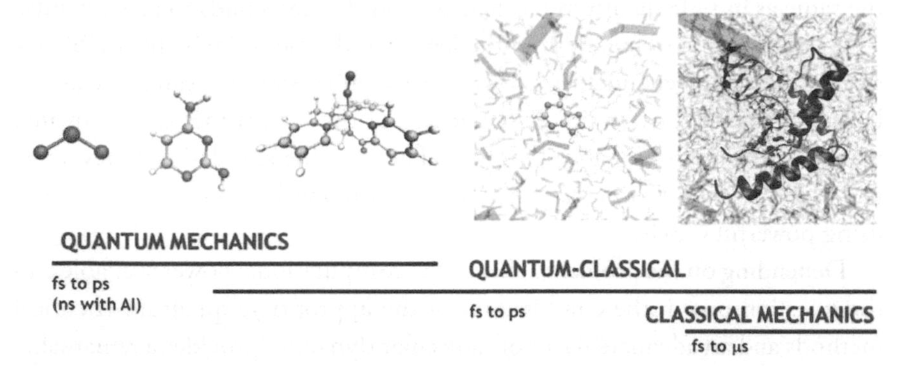

Fig. 3 Schematic representation of the size of the molecules and times that can be propagated computationally in time as today, using the different type of methods: quantum mechanics, quantum-classical methods, and classical molecular dynamics. AI stands for artificial intelligence.

Using quantum mechanics, very accurate simulations from femtoseconds to picoseconds can be carried out for systems that go from very few to maybe one hundred atoms. As the dynamics simulations are coupled with the electronic problem, the accuracy is inversely correlated with the system size and this in turn with the cost. The methods to solve the electronic problem, in particular coming from wave function theory, are hierarchical, so that the more accurate a result is desired, the more involved needs to be the method and the higher the cost. If a system is too large, either one is ready to spend more computational hours, or the level of theory has to be reduced until the calculation can be done in a reasonable amount of time with a sensible cost. It is always a trade-off problem between cost and accuracy. Once a particular level of theory for the electronic problem is chosen, this cost scales proportionally with the time length. As it was discussed in the previous chapter, propagation times can be extended by one or two orders of magnitude, in this case up to nanoseconds, using artificial intelligence but not much more as today.

Using hybrid quantum-classical methods does extend the system size but not the time scales. In this case, the most popular approach is a multiscale one, this means partitioning the global system in different parts that are treated at different levels of theory with different computational costs. With this strategy, it is then possible to consider molecules embedded in an environment, be it solution or a biological one, in a straightforward manner. While at least one part of the system will be treated quantum mechanically, the rest is then modelled with classical methods – thus the name of quantum-classical. However, as the cost is – for practical purposes – still determined by the fragment that is treated quantum mechanically, the extent of the dynamical simulations is, in general, the same as in pure quantum mechanics, from femtoseconds to picoseconds.

At the larger extreme, both in the length and time scale, is the use of classical molecular mechanics. As in this case, the full system is treated as classical balls, where electrons do not exist, the size of the system that can be treated still atomistically is probably a million of atoms. The simulation times range from femtosecond to microseconds (10^{-6}), a millionth of a second, the latter using powerful GPUs.

Depending on the problem at hand, the computational power available and the question posed, the combination of the appropriate quantum chemical methods and an adequate flavor of molecular dynamics provides a remarkable good understanding of a chemical reaction. In my group, at the University of Vienna, we are very much interested in chemical reactions that involve light and molecules. The systems of interest range from small dyes to large systems with different applications, from DNA building blocks that show photostability, i. e. they do not decompose upon solar light, to photodamage and photoaging, from photocatalysis with applications in solar energy generation, photovoltaics and artificial photosynthesis, to molecular machines or neuroreceptors and neurotransmitters.

Regardless of the question posed, and they are plenty, our fundamental research starts wondering what light does to molecules. When a beam of light, in Nature by the sun, in the lab from a laser, shines onto a molecule, it generates electronic excited states, i. e. promotes an electron from a lower potential energy surface to an upper one. Such electronic excited states will eventually relax to the lowest potential – the electronic ground state – thereby changing or not, the geometry of the system thus undergoing a chemical or physical process. Such deactivation can be radiative, i. e. the photon that it was absorbed is returned back, or non-radiative. To the first category belong fluorescence and phosphorescence processes. Both are forms of luminescence and make macroscopic objects to glow; fluorescent molecules stop glowing as soon as radiation stops, while phosphorescent materials emit light for a longer time – like the stars stickers that glow in the dark. Fluorescent molecules can be used to image biological molecules. Fireflies and other living organisms – from algae to mammals – include species that are able to fluorescent and glow in the dark, producing impactful natural images. Phosphorescent materials are the root of organic and inorganic light-emitting diodes, whose importance for developing sustainable green sources of energy cannot be underestimated. To the second category of non-radiative processes belongs any molecule that after irradiation returns the absorbed photon in the form of heat. Such processes are extremely important to procure photostability and avoid that the energy of the photon destroys the material or triggers a subsequent deleterious reaction. Non-radiative processes are normally much faster, in the order of femtoseconds to nanoseconds, than radiative ones, which can take from nanoseconds to even seconds.

The role of simulation is to disentangle the different pathways that a molecular after light irradiation follows. These can be radiative or non-radiative or a mixture of those and they can involve a large number of electronic and nuclear changes that once are known, can be exploited, enhanced or weakened, depending on the sought application. For example, in one project[4] funded by the Austrian Science Fund, we studied the deactivation pathways of DNA and RNA building blocks after light irradiation and how those change when small chemical modifications are done in the chemical structure. The five canonical nucleobases, adenine, guanine, cytosine, thymine, and uracil, are known experimentally to be photostable. There exists a large number of time-resolved spectroscopic experiments that measured deactivation time scales ranging from hundreds of femtosecond to nanoseconds, which needed yet to be correlated with particular transformations at molecular level. Performing quantum molecular dynamics simulations, we (and others) were able to disclose the different deactivation mechanisms that convert photons into heat and obtain a movie in slow-motion of the processes behind. Actually, it is not just one but several relaxation mechanisms that operate simultaneously what makes the interpretation of the experimental signals so complex and the reason why there are different (typically three) time scales involved. An unprecedented result that we found was the fact that on the way to relax into the electronic ground state, the pyrimidine nucleobases (cytosine, thymine, and uracil) can also change their electronic spin – a process that before then was considered to be forbidden and take very long time (nanoseconds). In contrast, our calculations found that this spin change is able to operate in few hundreds of femtoseconds, concomitantly with other that keep the spin intact. Although the spin-flip was not the dominant process, it led to the paradigm change that light organic molecules can display spin changes in an ultrafast manner.

---

4 L. González, P 25827, „*Ultrakurzzeitdynamik und Spektroskopie von DNS/RNS-Nukleobasen und -Analoga*“ (2013–2016).

One of the most astonishing facts is that upon changing a single atom in the canonical nucleobases, one oxygen by a sulfur atom, this spin flip process can be enhanced to the point that it dominates. This fact is tremendously important in biology. An electronic state with the spin changed is a radical with a long life that is very much prompt to undergo other concatenated damaging reactions. Precisely for their unique similarity with natural nucleobases, thiobases – nucleobases substituted with a sulfur atom – can smuggle into the DNA unnoticed and have been used as immunosuppressive agents in medicine. However, it was noticed that upon exposure in the sun they could promote cancer. This is precisely because their photochemical behavior is opposite to that of nucleobases. While these are photostable, thiobases can be cytotoxic. A beautiful example of how every atom counts! A single oxygen by a sulfur can dramatically change the course of a photochemical reaction. Theory is able to pinpoint how the potential energy surfaces of canonical nucleobases and thiobases have serious differences that induce a very different dynamical behavior. In one case, after irradiation, nucleobases evolve to an ultrafast deactivation to the electronic ground state, making the molecule safe from further reactions; in contrast, in the other case, thiobases exposed to light end in a reactive radical trapped in a state that just waits to suffer further harmful reactions that can end into cancer. The similarity between nucleobases and its analogues is a threat but also an opportunity. If such nucleobases analogues are able to kill healthy cells, can also be targeted to kill cancer cells. This process can be wrapped up under the idea of photodynamical therapy and consist in using special drugs, that activated by light can kill cancer cells. Whether thiobases or related molecules could act as suitable photosensitizing agents for photodynamical therapy is currently object of study.

Another representative example of our research is the search for suitable catalysts for producing green energy powered by the sun. Sunlight produces in one hour the energy the Earth needs in one year. For this reason, there is intense research around to find materials for efficient energy conversion. In a large-scale project[5] funded by Austrian Science Fund and the German Science Foundation, together with a team of another 25 scientists, we develop molecules that can efficiently harvest light from the sun and catalysts for water oxidation, inspired in natural photosynthesis. Besides synthesis and characterization in a joint theoretical and experimental effort, the team works to establish new

5 Catalight, https://www.catalight.eu/, letzter Zugriff: 22.04.2022, a transregional project financed jointly by the DFG and the FWF (TRR234 and I 3987, respectively).

concepts for integrating such catalytic elements into soft matter matrices and achieve efficient and sustainable light-driven catalysis.

7. Concluding remarks

The aim of this contribution was two-fold. On the one hand side, it illustrated the journey that simulations in chemistry underwent, starting from the origins of quantum mechanics until today, highlighting the big role that incidentally Austrian scientists had in the development of computational chemistry. On the other hand, it wanted to show how despite of the great advances, real-time simulations of chemical transformations "as they undergo in a laboratory", where a chemical reaction in a glass takes seconds or even minutes or hours, are still out of reach. Based on quantum mechanics, computer simulations can obtain with great accuracy the energies and other molecular properties of systems up to few thousand atoms, but quantum molecular dynamics simulations, even if they allow to freeze molecular motion to the femtosecond, can only trail its footprints during picoseconds or at most to nanoseconds with the help of emerging tools based on machine learning methods. Classical molecular dynamics simulations, by neglecting electrons and thus complex quantum electronic processes, are able to extend the simulations of the nuclei into the microsecond time scales by virtue of strong parallelization advances. These tools allow to get insight into many chemical processes with exquisite atomic precision, explain reaction mechanisms, predict reactivity, and even manipulate and control the functionality of chemical systems in one or another direction, depending on the question at hand. Besides a multitude of interesting applications, even some with societal implications, like helping to find renewable solar energies, the mere fact of pushing the limits of chemical computations to larger systems and for longer time scales is one of the hottest research fields in Chemistry. We thus expect to see breakthroughs in parallel with the sky-rocketing developments in computer power.

„Körper“ als Modell in Tanz und Performing Arts

Gabriele Brandstetter

Auch die Künste und die Kunstwissenschaften arbeiten mit Modellen. In welcher Weise? Und mit welchen Konzepten? Der Fotograf Thomas Demand sagt anlässlich seiner Ausstellung *House of Cards*[1]: „*... models are actually a cultural technique... [they] are filters because they reduce the information to the focal point. Otherwise the world would be too complex.*“ So gesehen seien „*models [...] a kind of way to communicate on a meta level between the different parts of society.*“[2]

Diese Merkmale von Modellen und ihrer vermittelnden Funktion sind für Künste und für Kunst- und Geisteswissenschaften gleichermaßen, wenngleich mit unterschiedlichen Wissens-Akzenten, relevant: Modelle stehen für die Reduktion von Komplexität und die damit einhergehende Vereinfachung, Abstraktion und Stilisierung von Wirklichkeit.

Sie fassen die Strukturen komplexer Zusammenhänge, gewissermaßen als executive summaries zusammen. Und sie übertragen Zusammenhänge, die in Worten und Beschreibungen nur schwer zu fassen sind, in visueller Form – etwa Schaubilder, Strukturmuster oder patterns. Modelle sind somit wesentlich beteiligt an der Generierung und Produktion von Evidenz. Dies können Modelle freilich nur leisten in dem Maß, wie sie Übertragungen von Wissen transportieren und strukturieren, so dass sie Prozesse der Vermittlung und der Kommunikation stimulieren und in Bewegung bringen. Der Kunsthistoriker Horst Bredekamp weist darauf hin, dass Modelle in ihrem „Verweischarakter“ über ihre Funktionsbestimmung hinaus eine unverwechselbare psychologische Wirkung haben.[3] Demnach besitzen Modelle, als „*Vorschein des zu Verwirklichenden [...] einen über ihre engere Bestimmung hinausgehenden, die Bereitschaft zum Handeln und Denken stimulierenden Überschuß.*“[4]

1 Thomas Demand: *The model is an underestimated cultural technique, im Gespräch mit Angela Maderna*, in: Domus, Editoriale Domus, Rozzano (Mi), 23.02.2021.

2 Ebd.

3 Horst Bredekamp: *Modelle der Kunst und der Evolution*, in: Modelle des Denkens: Streitgespräch in der wissenschaftlichen Sitzung der Versammlung der Berlin Brandenburgischen Akademie der Wissenschaften am 12. Dezember 2003, Berlin 2007, S. 13–20.

4 Ebd., S. 14.

Ob diese Funktion von Modellen in der Kunst verallgemeinerbar ist und ob sie auch für Modellbildung in Naturwissenschaft, Technik und Sozialwissenschaft gelten kann, wäre zu diskutieren. Für die Geistes- und Kunstwissenschaften lässt sich konstatieren, dass ein einheitliches „*Muster der Modellverwendung, das gleichermaßen auf alle Disziplinen und Methoden appliziert werden kann*"[5], sich nicht durchgesetzt hat.

Mein Interesse gilt nun im Folgenden einer Modell-Bildung, die im Bereich von Tanz und Performing Arts historisch und ästhetisch bedeutsam ist. Ich möchte dies an Beispielen aus der zeitgenössischen Tanz-Performance zeigen, im Kontext der damit verbundenen kunst- und kulturwissenschaftlichen Diskurse.

Warum „Körper" als Modell? Der Körper von Tänzer:innen, Performer:innen ist das Material und das Medium der jeweiligen Darstellungen in Choreographien. Dabei sind diese Körper, jenseits ihrer konkreten physischen, je aktuellen Präsenz nicht einfach „natürliche", reale Gegebenheiten. Sondern ihre Erscheinung, ihr Einsatz und ihre Wahrnehmung wird nach unterschiedlichen Modellbildungen konzipiert und hervorgebracht. Kultur- und kunstwissenschaftliche Theorien zur Geschichte und Codierung von „Körper" analysieren, in welcher Weise Körperkonzepte durch Diskurse geprägt sind: Diskurse des Wissens (etwa der Medizin) und der sozialen, religiösen und politischen Kontexte. Ich verweise hier nur kursorisch auf unterschiedliche Theorie-Ansätze, etwa Michel Foucaults diskursgeschichtliche Analysen zur Biopolitik, Pierre Bourdieus Theorie zur sozialen Differenzierung und Herausbildung von Habitus, Judith Butlers Theorie zur kulturellen Konstruktion von Gender. Wie „Körper" in unterschiedlichen Feldern von Gesellschaft und Kunst definiert und wahrgenommen werden, basiert auf dem jeweiligen „situierten Wissen."[6]

Eines der einflussreichsten Modelle des Körpers, das sich in der Geschichte mit den Wissensentwicklungen in Medizin, Gesellschaft und auch in der Kunst verändert und erweitert hat, ist das anatomische Modell des Körpers. Es gibt Schaubilder und Diagramme, die bestimmte Strukturen und Funktionen des Körpers visuell veranschaulichen – wie hier z. B. ein Diagramm der Körperflüssigkeiten.

---

5 Ebd., S. 13; vgl. zur Verwendung von Modellen im (inter-)disziplinären Kontext, sowie zu Funktionen der Modellbildung: Jürgen Mittelstraß: *Anmerkungen zum Modellbegriff*, in: Modelle des Denkens: Streitgespräch in der Wissenschaftlichen Sitzung der Versammlung der Berlin-Brandenburgischen Akademie der Wissenschaften am 12. Dezember 2003, Berlin 2007, S. 65–67.

6 vgl. Donna Haraway: *Situiertes Wissen*, in: Donna Haraway: Die Neuerfindung der Natur. Primaten, Cyborgs und Frauen, Frankfurt am Main 1995, S. 73–98.

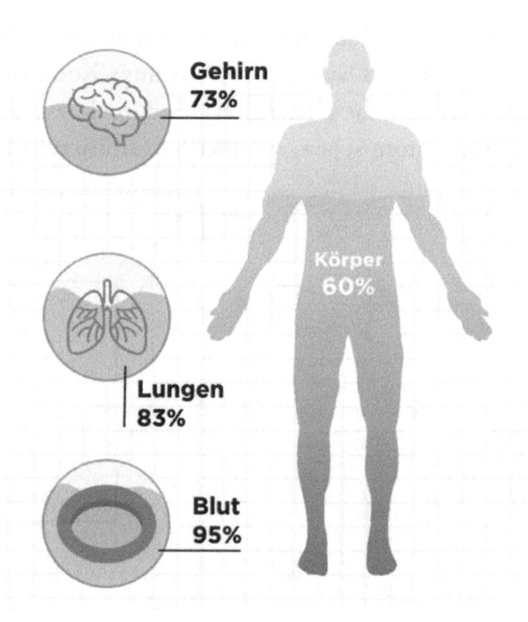

Abb. 1 Prozentualer Wasseranteil des menschlichen Körpers.

Und es gibt unterschiedliche Darstellungen der Körper-Anatomie, jeweils fokussiert auf physiologische Funktionsweisen – etwa Skelett- und Muskelaufbau.

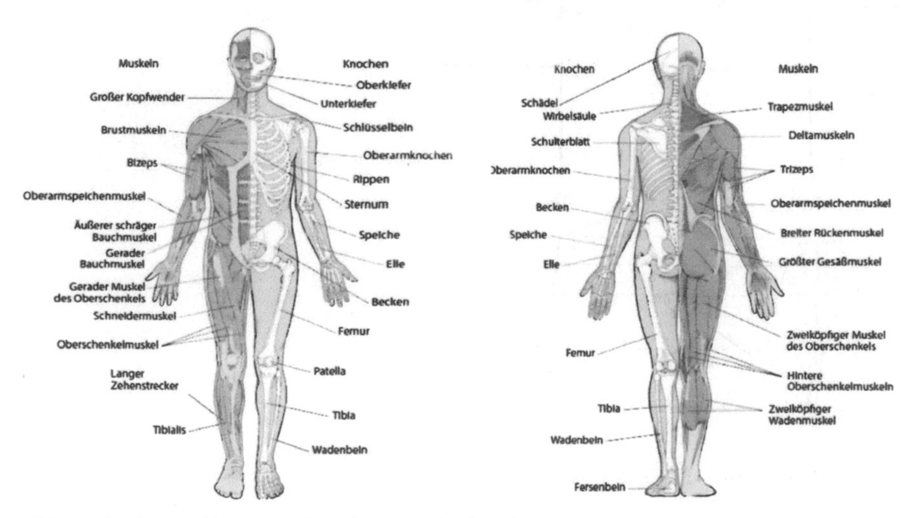

Abb. 2 Skelett- und Muskelaufbau des menschlichen Körpers.

Diese Modelle des Körpers sind nicht nur in Medizin und sozialem Wissen aktiv. „Anatomischer Atlas“ ist ebenso ein Referenz-Modell für die Körperdarstellung in bildender Kunst; und im Tanz!

Ein Beispiel für die Relation von anatomischen Körpermodellen und Tanz ist das Ballett. Das Körper-Bewegungs-Konzept des Balletts, herausgebildet in der akademischen Tradition des Barock, zur Zeit Ludwigs XIV., basiert auf einem anatomischen, symmetrisch stilisierten Körpermodell.

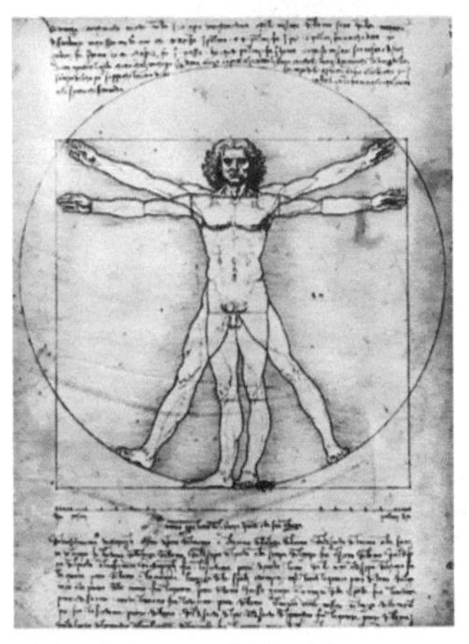

Abb. 3 Leonardo Da Vinci, Uomo Vitruviano,1492.

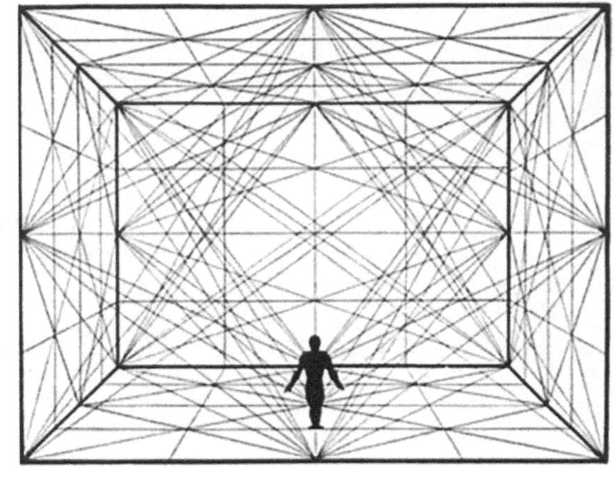

Abb. 4 Oskar Schlemmer, Raumlineatur mit Figur, 1924.

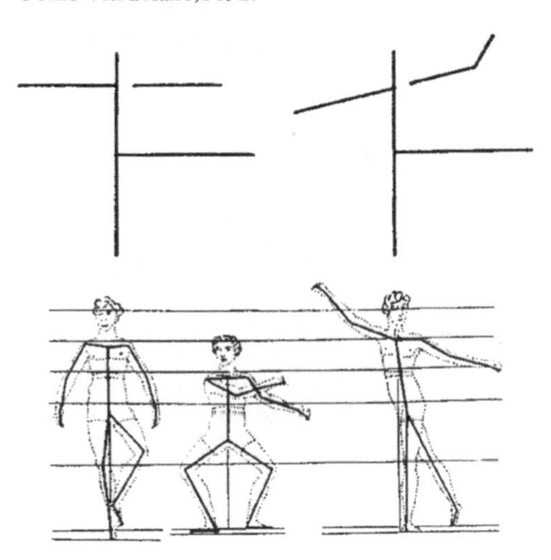

Abb. 5 Carlo Blasis, The Code of Tepsichore, 1828.

Das Modell ist sowohl hinsichtlich des Körperbaus als auch der Ausrichtung der Bewegung in den Umraum symmetrisch-geometrisch organisiert. Die Motorik des Körpers, die symmetrischen Bewegungsstrukturen folgen einem System, das gleichermaßen Funktion und Ästhetik von Körper und Umraum verbindet.

Tanz – d. h. die regelhafte Folge und Ausrichtung der Bewegungen – und Choreographie – d. h. die Anordnung und Relation von Körpern in Raum und Zeit – basieren auf diesem motorisch-mechanischen, kinetischen Körpermodell. Das Konzept der Symmetrie des Körpers, seine Modellfunktion in Proportion als Maß für Raum und Architektur war schon in der Antike eine Form der anthropometrischen (Körper-)Anatomie. Anna Laqua zeigt in ihrem Aufsatz *Anthropomorphes Theater*, wie das Modell von Vitruv im 17. Jahrhundert als Prototyp „normaler“ Körperlichkeit im medizinischen, philosophischen und ästhetischen Diskurs wirksam ist.[7]

Die spezifische Ästhetik des Balletts und seiner Choreographien – seine ornamentale Schönheit, Regelmäßigkeit – ist auch, wenngleich nicht nur, ein Effekt des zugrundeliegenden anatomischen Modells.

Freilich kommt – insofern es sich um eine Kunstform handelt, und zudem um eine Kunst, in der Zeitlichkeit zentral ist – noch ein anderer Faktor ins Spiel.

Denn obwohl der technik- und philosophiegeschichtliche Hintergrund des Balletts die Theorie, und damit auch das (anatomische) Modell des „L'homme machine“ ist, so entsteht doch das ästhetische Vergnügen bei dem/der Betrachter:in nicht allein aus der bloßen Erfüllung der Modell-geleiteten Ballett-Bewegungen. Vielmehr zeigt sich der Überschuss, das Surplus dessen, was zwischen abstraktem Modell und sinnlicher Darstellung in der Performance liegt, gerade in der leichten Abweichung. Diese liegt in dem beständigen Austarieren zwischen der Symmetrie des Modells und der Asymmetrie des je individuellen Körpers, oder zwischen Stabilität der Pose und Auffangen der Labilität, die eine Arabeske oder Pirouette der Tänzer:in abverlangt. Künstlerische Gestaltung und ästhetischer Genuss, so die These, gehen also über die Modellhaftigkeit, über die physische Angleichung an das Modell (wie es im Reglement des Ballett-Exercise organisiert ist) hinaus. Der „thrilling Moment“ der ästhetischen Erfahrung und ebenso der künstlerischen Gestaltung liegt also nicht in der (bloßen) Erfüllung des Modellhaften, sondern in der Abweichung, in der Öffnung; anders formuliert: Wenn Modelle dazu da sind, Komplexität des Wirklichen zu reduzieren, um Grundmuster des Wissens zu erhellen, so führen Modelle in der Kunst – z. B. in Tanz-Performances – dazu, diese zu überschreiten. Modelle sind dann, so meine These, Experimentalanordnungen, um Komplexität auf andere und neuere Weise kreativ herzustellen.

---

7 Anna Laqua: *Anthropomorphes Theater. John Bulwers (1606–1656) Modell einer „Corporall Philosophy“*, in: Anna Lagua, Peter Löffelbein und Michael Lorber (Hg.): Modell und Risiko. Historische Miniaturen zu dynamischen Epistemologien, Wiesbaden 2019, S. 157–175.

Dies möchte ich im Folgenden an einem Beispiel aus zeitgenössischer Tanz-Performance zeigen. Auch diese bezieht sich auf Anatomie, auf Bilder des anatomischen Atlas. Deshalb noch eine thematisch-methodische Vorbemerkung:

Damit wir mit Modellen arbeiten und die Formalisierungs- und Strukturierungs-Funktion von Modellen erkennen und einschätzen können, bedarf es einer Form von wahrnehmungsbasierter Vergleichs- oder Übertragungsleistung: Der Apophänie, oder: Der „Lust am Muster"[8]. „Pattern recognition", wie die Gestaltpsychologie dies nennt. Ohne die Fähigkeit, in Übertragungen und Analogien Beziehungen herzustellen, die zwischen Muster bzw. Modell und einer konkreten Situation oder Phänomenen der Wirklichkeit Verknüpfungen sehen, bleiben Modelle abstrakte Diagramme.

Die Interpretationsbedürftigkeit von Modellen, ihre Kontextabhängigkeit (historisch und disziplinenbezogen) ist in dem *Streitgespräch* zu *Modellen als Diskurs* in der Berlin Brandenburgischen Akademie der Wissenschaften am 12. 12. 2003 in verschiedenen Beiträgen hervorgehoben worden. Ihre Doppelfunktion, Modelle *von* etwas und Modelle *für* etwas zu sein[9], macht sie zu dynamischen Gebilden, zu „Ladungswolken"[10]. Hans-Jörg Rheinberger hebt in seinen Untersuchungen die Relevanz von Modellen für Experimentalsysteme in den Naturwissenschaften hervor: Modelle sind in spezifischer Weise „Vereinfachungen"[11] „epistemischer Objekte".[12] Genau darin liegt die Stärke, aber auch die Schwäche von Modellen. Für

---

8 Vgl. Urs Stäheli: *Soziologie der Entnetzung*, Frankfurt/Main 2021, S. 71–72.

9 Vgl. Jürgen Mittelstraß: *Anmerkung zum Modellbegriff*, in: Modelle des Denkens: Streitgespräch in der Wissenschaftlichen Sitzung der Versammlung der Berlin-Brandenburgischen Akademie der Wissenschaften am 12. Dezember 2003, Berlin 2007, S. 65–66; sowie: Bernd Mahr: *Ein Modell des Modellseins. Ein Beitrag zur Aufklärung des Modellbegriffs*, in: Ulrich Dirks, Eberhard Knobloch (Hg.): Modelle, Frankfurt/Main 2008, S. 187–218, hier: S. 207.

10 Vgl. Klaus Lucas in: *Modelle des Denkens: Streitgespräch in der Wissenschaftlichen Sitzung der Versammlung der Berlin-Brandenburgischen Akademie der Wissenschaften am 12. Dezember 2003*, Berlin 2007, S. 92.

11 Hans-Jörg Rheinberger: *Spalt und Fuge. Eine Phänomenologie des Experiments*, Frankfurt/Main 2021, S. 39.

12 Vgl. ebd. S. 36–67, hier S. 38–39. Rheinberger bezieht sich, in Hinsicht auf das Konzept der „epistemischen Dinge" und ihrer Realität zu Phänomenen einerseits, zu Modellen andererseits, auf Ludwik Fleck: Entstehung und Entwicklung einer wissenschaftlichen Tatsache. Einführung in die Lehre vom Denkstil und Denkkollektiv. Mit einer Einleitung, hrsg. von Lothar Schäfer und Thomas Schnelle, Frankfurt/Main 1980. Zudem verweist er darauf, dass es Margaret Morrison war, die die Unterscheidung von Modellen für und Modellen von etwas in den Diskurs gebracht hat. Vgl. dazu Margaret Morrison: *Reconstructing Reality: Models, Mathematics, and Simulations*, Oxford University 2015, S. 20.

die Geistes- und Kunstwissenschaften gilt dann, wie Wilhelm Voßkamp in Bezugnahme zu Friedrich Schlegel betont: Die „Stärke der Interpretationswissenschaften bestünde dann darin, dass sie stets die Entfesselung von Modellen betreiben.“[13]

Um eine solche „Entfesselung“ des Körpermodells „Anatomie“ geht es in dem Beispiel, das ich im Folgenden vorstellen will.

Die Wiener Tänzerin und Performerin Anne Juren befasst sich seit 2015 mit Performances, die sie unter dem Titel *Fantasmical Anatomies* zusammenfasst. Es handelt sich um eine Serie von performativen Veranstaltungen, in denen sie das Publikum auffordert, sich auf eine Reise in das Innere des eigenen Körpers zu begeben.

Das Setting der *Fantasmical Anatomies* wechselt, entsprechend den Themen und auch der jeweiligen Aufführungsorte. So ist etwa *Fantasmical Anatomy Session*, die im Kontext des Wiener Festivals *Hysterical Mining* (2019) in der Kunsthalle gezeigt wurde, durch den Ort, einen Glaskubus, und dessen „Durchsichtigkeit“ zu den Verkehrsströmen außen vor den Fenstern, mitbestimmt. Grundsätzlich trägt das *Setting* der *Fantasmical Anatomies* entscheidend zur Wahrnehmung aller Beteiligten bei.

Die beiden hier ausgewählten Ausschnitte aus der Performance fokussieren zwei unterschiedliche Körperteile in Bewegung: die Zunge und die Hand. Nicht von ungefähr sind es jene Körperteile – in Aktion – die traditionell das Alleinstellungsmerkmal des Menschen, des homo sapiens (mit)begründen.[14] Beides sind Organe der Kontaktaufnahme, der Übertragung nach innen und außen.

Der erste Videoausschnitt beginnt im Mund. In der Mundhöhle, bei der Zunge. Die Zunge löst sich aus ihrem angestammten Raum – Anne Juren beginnt das Übertragen des Zungenorgans mit einem Bild, das viele Assoziationen trägt, von der in der Therapie oder im Rausch sich lösenden Zunge bis hin zum Pfingstwunder. Sie leitet das Publikum, das mit geschlossenen Augen partizipiert, an, sich vorzustellen, dass die Zunge sich bewegt: Die Zunge wandert, sie agiert und wird zu einer performing imago agentis. Juren verstärkt die Suggestion des Sensorischen, der Materialität der Texturen, die von der Zunge berührt werden durch ein in situ produziertes sound-environment: Geräusche von Reiben, Rauschen, Wischen. Es ist wie in der Musik eine Augmentation, eine Vergrößerung und Erweiterung des Organs und seiner Performance.

13 Vgl. Wilhelm Voßkamp, in: *Modelle des Denkens: Streitgespräch in der Wissenschaftlichen Sitzung der Versammlung der Berlin-Brandenburgischen Akademie der Wissenschaften am 12. Dezember 2003*, Berlin 2007, S. 114.

14 Vgl. den entsprechenden anthropologischen Diskurs; u. a. der Philosoph André Leroi-Gourhan: *Hand und Wort. Die Evolution von Technik, Sprache und Kunst*, Frankfurt/Main 1987.

Der zweite Video-Ausschnitt fokussiert die Hand: In der imaginierten Bewegung nach innen erscheint sie als Eindringling unter die Haut, unter das Gewebe des Körpers. Sie zerteilt, zerpflückt die Texturen, und bewegt sich im Körper-Inneren. Juren führt mit ihren langsam gesprochenen Visualisierungen die Bewegung der Hand in unbekannte und unberührbare innere Regionen.

Welches Schauspiel geschieht hier? Wie greifen Inszenierung und individuell erfahrene Performance ineinander? Und welche Übertragungen kennzeichnen diese Session einer *Fantasmical anatomy*? Juren führt die Teilnehmer:innen in eine interaktive Choreographie, in der Erzählung, Raum-Installation, und Wahrnehmungsübungen ineinandergreifen. Wie die meisten Tänzer:innen des contemporary dance ist Anne Juren in unterschiedlichen Techniken der „somatic practises“[15] ausgebildet. Dabei geht es im Wesentlichen um die Lenkung der Aufmerksamkeit auf körperliche Tiefensensibilität und kinästhetische (Selbst-) Wahrnehmung. Jurens Hintergrund für die Serie der *Fantasmical Anatomies* ist ihre Erfahrung als Feldenkrais-Practitioner. Ohne hier ins Detail dieses Körperkonzepts zu gehen, seien dennoch jene konzeptuellen Prämissen aus der Körper-Practice von Feldenkrais[16] hervorgehoben, die einesteils die Matrix der Übertragungen bilden; und zu denen anderenteils die „fantasmischen“ Anatomie-Sessions doch auch eine Gegenposition beziehen. Die Struktur einer Feldenkrais-Practice wird schon dadurch in die anatomischen Sessions übertragen, dass die Teilnehmer:innen sich bequem auf einer Matte lagern und mit geschlossenen Augen den Instruktionen zu Bewegungen folgen. Es geht um eine veränderte Wahrnehmung als Basis für jene therapeutischen Übertragungen, die ein re-patterning[17] von Bewegungs-Habits zum Ziel haben. Da dies kinästhetisch-spürend mit geschlossenen Augen geschieht, ist die Bewegungs-Übertragung „blind“: Die Teilnehmer:innen „sehen“ weder die Instruktorin noch die anderen Teilnehmer:innen, noch sich selbst in der Bewegungsausführung. Der Blick ist *nach innen* gekehrt zum Spüren jener Bewegungen, die *von außen* adressiert werden. Diese „Blindness“ ist von entscheidender struktureller Bedeutung: Sowohl in bewegungspraktischer als auch in modelltheoretischer Hinsicht. In ihrer Praxis

15 Anne Jurens persönlicher Ausbildungs-Werdegang umfasst BMC® (Body-Mind-Centering) nach Bonnie Bainbridge Cohen, Skinner-Release-Technik, Alexander-Technik und Klein-Technik™, sowie Feldenkrais.

16 Vgl. Moshé Feldenkrais: *Awareness Through Movement. Easy-to-Do Health Exercises to Improve Your Posture, Vision, Imagination, and Personal Awareness*, New York 2011.

17 Diesen Begriff verwendet Feldenkrais m. W. nicht. Ich führe ihn hier ein, weil die Wahrnehmung und Veränderung von Bewegungsweisen in fast allen somatischen Praktiken das Ziel sind: Re-Patterning als Therapie.

als Feldenkrais-Therapeutin hat Juren die Erfahrung gemacht, dass es für viele Menschen schwierig ist, die Positionen der Körperteile und die Bewegungsanweisungen entsprechend den sprachlichen Anleitungen zu realisieren. So sagt sie im Interview: *„The possibilities to perform the movements are sometimes rather obscure or so unusual that one might think that it would be impossible to continue a movement as instructed."* Dieses „not knowing", etwa „not knowing how to respond to a certain command"[18] wird zum Ausganspunkt für Jurens Konzept der *Fantasmical Anatomies*. Hier genau verlässt sie das System von Feldenkrais, denn es geht ihr um einen künstlerischen Experimentalraum. Nicht die therapeutische Idee von Verbesserung und Heilung ist das Ziel – also nicht mehr das, was Feldenkrais „funktionale Integration" nannte. Sondern, im Gegenteil! Sie sucht die fantasmatische Entgrenzung einer Anatomie in Bewegung.

Das Modell – als ein ohnehin „dynamisches Gefüge"[19] – gerät aus den Fugen. In der Fantasie jede:r Teilnehmer:in ist die Bewegung *im* anatomischen Modell auf je persönliche Weise aktiv: Organe, die verschoben werden, *ver*rückt. Es geschieht als eine subjektive Um-Ordnung im Kontext und Raum des jeweiligen anatomischen Wissens. In diesem Moment der Performance ist das Modell der (menschlichen) Körper-Anatomie für jede:n Einzelne:n *under construction*.

Was bedeutet dies nun für die Idee des Modells? Für Anatomie als ein Modell des Körpers? Und was bedeutet es für die Idee von Tanz, insoweit Tanzen immer eine Auseinandersetzung ist mit einem anatomischen Konzept des Körpers und seiner Bewegungsmöglichkeiten (als Theorie und als Praxis)?

Das Studium der Anatomie des menschlichen Körpers gehört nicht nur zu den Grundvoraussetzungen der Medizin und der Physiotherapeutik, sondern auch zur Ausbildung an der Kunstakademie und zur (akademischen) Ausbildung im Tanz.

Sowohl in der Medizin, in somatischer Praxis als auch im Tanz diente und dient das anatomische Wissen dazu, das Funktionieren des Körpers, das systemische Zusammenspiel seiner komplexen Strukturen zu verstehen. Damit einher gehen Konzepte von richtig/falsch, bzw. funktional/dysfunktional, der Norm entsprechend oder abweichend. Was geschieht, wenn Künstler:innen Zweifel anmelden an diesem Schema und diesen Kategorien des Anatomischen?

18 Interview in Wien, März 2020.

19 Vgl. Reinhard Wendler, der im Rekurs auf Hans-Jörg Rheinbergers These zum „Eigensinn" von Modellen als Experimentalraum von Modellen als „dynamisches Gefüge" (S. 83) spricht, und das Potential an „Unberechenbarkeit" hervorhebt, in: Reinhard Wendler: *Das Modell zwischen Kunst und Wissenschaft*, München, Paderborn 2013, S. 83–85.

Wenn Tänzer:innen die Normwerte des Ideal-Funktionalen, und die damit verbundene Idee einer Ästhetik des „Enhancement", oder des Virtuosen in Frage stellen? Welcher *andere* Blick auf den Körper und seine Bewegungsweisen entsteht dann? Und was bedeutet das für den Umgang mit dem Modell Anatomie? Ist es der Beginn dessen, was Bredekamp „Modellkritik" nennt?[20] Anne Jurens Projekt einer *Fantasmical Anatomy* beginnt genau hier.

Einige Informationen zu ihrem Werdegang sind hier hilfreich für das Verständnis ihrer Praxis. Anne Juren hat über viele Jahre, um ihr Tanz-Studium zu finanzieren, als Aktmodell in Akademien der Künste gearbeitet. Für Kunststudierende ist die Anatomie-Session mit Aktmodellen eine Schule des Sehens und des Übens von Perspektive. Was aber bedeuten diese „Sitzungen" für eine Tänzerin? Welche Erfahrungen macht sie in den langen Stunden des unbeweglichen Sitzens? Auch für sie ist es eine Schule des „Sehens" und der Perspektive. Freilich: Es handelt sich um eine Perspektiv-*Wendung*. Einen turn des Blicks auf sich selbst. Vor der Folie des permanenten Angeschaut-Werdens im Zeichensaal – einem veritablen Anatomietheater – wird ihr eigenes „Sehen" zur Blindheit, denn die Wahrnehmung richtet sich nicht auf die äußere Gestalt ihres Körpers, sondern nach innen, in das Innere des Körpers, der Muskeln, Sehnen, Gewebe und Organe. Sie entwickelt ein multiperspektivisches „Sensorium" des Spürens, um auf einer mikrosomatischen Ebene Bewegungen auszuführen, oder zuzulassen, die die Spannungen des langen Ausharrens in einer Pose ausgleichen oder lösen. Motionlessness *als* Movement. Stillsitzen als Tanz. Ein Tanz, der keine optisch-ästhetische Schaustellung erlangt. Und der dennoch voller Lebendigkeit, voller neuer Bezüge – inner-Körper-räumlich – und voller Überraschungen ist. Was entsteht darüber hinaus für die Frage nach der Anatomie? Welcher gefühlte, gespürte anatomische Atlas entfaltet sich für eine Tänzerin[21] in einer solchen Situation? Anne Juren stellt aus ihrer körperlich-subjektiven Erfahrung ein Counter-Modell zu jener Anatomie-Tradition her, die nach jahrhundertelanger Tradition von Körper-Teil-Relationen, von Maß und Proportion geleitet ist. Jenseits einer körperästhetischen Blickweise, jenseits von Kategorien, die den Schauwert des dargestellten Körpers vermessen,

20 Vgl. Horst Bredekamp: *Modelle der Kunst und der Evolution,* in: Modelle des Denkens: Streitgespräch in der Wissenschaftlichen Sitzung der Versammlung der Berlin-Brandenburgischen Akademie der Wissenschaften am 12. Dezember 2003, Berlin 2007, S. 19.

21 Wie Anne Juren, die ich hier im doppelten Sinn als „Modell" betrachte – in ihrer Aktivität/Passivität des Modell-„Acting" und in ihrer Rolle als Modell eines Wissens-Erfahrungs-Experiments für eine „andere" Anatomie.

gelangt sie zu einer Anatomie, die den (eigenen) Körper „anders“ dimensioniert und proportioniert. Es ist eine anatomische Auto-Sektion, Zerlegung und Neu-Fügung von Körper-Partien: eine „ver-rückte“ Anatomie. Wie verbindet sich das Schulterblatt (in seiner nicht sichtbaren Position auf dem Rücken) mit dem Knie, wie verschieben sich Micro-Spannungen der Halswirbel mit dem kaum spürbaren Puls im Brustbein, oder wie überträgt sich der Druck in den Kiefermuskeln zu den Atemreflexen des Zwerchfells? Ein Neu-Arrangement von anatomischer Körper-Sektion in der Imagination.

Ich möchte hier, weil – wie wir sehen werden – Anne Jurens Experimentalarbeit in der Performance in der Anatomie-Session der Kunstakademie begann, die Arbeitsweise einer Malerin heranziehen: Jene von Maria Lassnig.[22] Wie bei Juren geht es bei Lassnig um die Innen-Wendung des Blicks auf den eigenen Körper. Es ist eine „Selbst-Anatomisierung“, die aus dem Spüren kommt, und die jene „blinden“ Partien sichtbar werden lässt, die beim Schauen-Fühlen auf den eigenen Körper sich entziehen. Lassnigs Blick auf ihren Körper ist geleitet von ihrem eigenen Körpergefühl. Es ist nicht ein sezierender anatomischer Blick von außen, sondern eher das, was Anne Juren „glissant“ nennt, ein spürendes Gleiten des Blicks, bis an Grenzen, die nicht weiterführen. Was im Bild entsteht, sind „ihre Form suchende Leiber“[23]. Das, was sie mit der Sonde von „introspektiven Erlebnissen“ und mit „body awareness“ (Begriffe, die Lassnig verwendet) erspürt und in ihre Gemälde überträgt, generiert einen „paradoxen Leib“.[24] Diese Körper-Figurationen sind fremd, befremdlich[25], und sie werden durch andere Positionen und Körper-Übertragungs-Techniken produziert, z. B. in der Selbst-Anatomisierung auf dem Boden liegend[26]. Der *eigene* Körper ist, gerade weil er nahe ist auch verborgen, eine „terra incognita voller Kräfte, Affekte und Intensitäten“[27]. Genau deshalb wird nun nicht die medizinisch korrekte Anatomie, sondern das Körpergefühl zum Motor der Erkundung. Maria Lassnig: „Ein Körpergefühl ist optisch schwer zu definieren, wo fängt es an, wo hört es auf, welche Form hat

22 Zu Maria Lassnig: Vgl. Gottfried Boehm: *Leib und Leben. Die Bilder der Maria Lassnig*, in dem Katalog: Günther Holler-Schuster, Dirk Luckow und Peter Pakesch (Hg.): Maria Lassnig. Der Ort der Bilder. Köln 2012, S. 12–23.

23 Ebd., S. 13.

24 Vgl. ebd.

25 Lassnig setzt dafür andere Maltechniken ein als bei Selbstporträts üblich: (nicht Spiegel, Foto, oder Film) sondern kinästhetische Methoden: Sie malt z. B. im Liegen!

26 Ebd., S. 14.

27 Ebd., S. 16.

es, rund, eckig, spitzig, gezackt?“[28] Genau in diesem sensorischen Szenario eines Spürens, einer kinästhetisch-propriozeptiven Wahrnehmung geht es um Übertragungen anderer Art. Es ist eine Bewegung, die „überschießt“ und die energetische Komprimierung und Entgrenzung einsetzt, in permanenten Übergängen zwischen nicht-mehr und noch-nicht. Hier zeigt sich eine andere Zeitlichkeit des Bild(en)s, und daran auch genau jene Seite des Modellierens, die schon im Modellsein *für* als ein dynamisches Gefüge wirksam wird.

Inwiefern das Modell der Anatomie in den Auseinandersetzungen und Experimenten zeitgenössischer Tänzer:innen fluid wird – ja, zu einem *ephemeren* Modell – möchte ich an einem weiteren Beispiel zeigen. Wiederum spielt der hybride Diskurs der somatischen Praktiken eine große Rolle. Hier ist es Body-Mind Centering[29]. Da es bei Tänzer:innen jedoch nicht in erster Linie um Trainings- oder Selbstheilungsprozesse geht, sondern vor allem darum, aus den somatischen Praktiken *neue Formen* der Bewegung, ihrer Initiierung und Übertragung zu finden, stellt sich hier die Frage: wie kann das geschehen? Wie sieht das aus? Und welche Verfahren werden dafür eingesetzt? Frédéric Gies etwa formulierte zu seinem Stück *Dance (praticable)* (2008) eine der Aufgaben; sie bestand darin, *„to hold for a few seconds a posture that crystallizes an endocrine gland“.*[30] (Abb., s. u.) Dafür hat er eine Partitur entworfen, in der Organe wie Milz, oder Lunge, Knochen vor allem aber Flüssigkeiten (Blut, Lymphe) und Drüsen (Glands) zu Zentren und Ausgangspunkten der Bewegung werden:

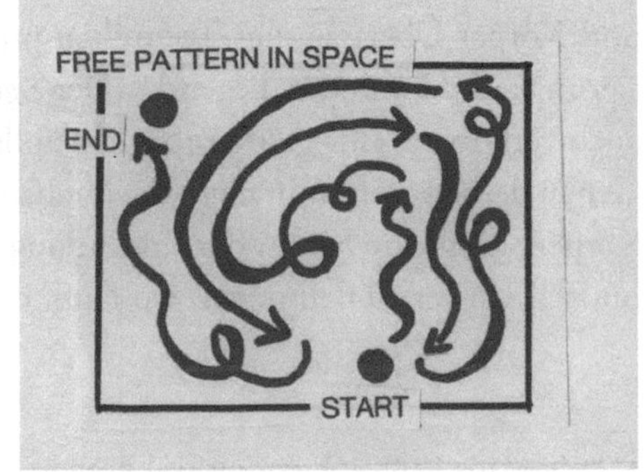

Abb. 6 + 7 Frédéric Gies, Dance (Praticable), Score, Part 4 + 2, Glands and Lungs.

28 Ebd., S. 17.

29 Vgl. Bonnie Bainbridge Cohen: *Sensing, Feeling and Action. The Experimental Anatomy of Body-Mind Centering*. The Collected Articles from Contact Quarterly Dance Journal 1980–1992, 2. Ausgabe, Northhampton 2008.

30 Frédéric Gies: *On Dance (praticable)*, in: Mette Ingvartsen, Alice Chauchat (Hg.): everybodys self interviews, Kopenhagen 2008, S. 43–45, hier: S. 44.

Der Umgang mit dem Modell der Anatomie, die Übertragung und Bewegungs-Animation einzelner Teile des Körpermodells werden selbst wiederum zu einem Modell: zu einem Score, einer Zeichnung, die ganz anders aussieht als das Schulmodell (der Medizin von Drüsen): „All Glands“, eine Zeichnung in Farbkreisen und dem Fokus „Stay“, sowie der Anweisung: *„Stay on the floor without moving. Use the time to rest and calm down, at the same time you focus all your endocrine glands, from coccygeal body to pineal gland.“*[31]

Solche Anweisungen, oder die Aufgabe: „Be in your cellular fluid“, sind freie Übertragungen aus der somatischen Praxis von BMC®, die das anatomische Modell gleichsam verflüssigen: Hier erweist sich einerseits, wie intensiv diese Prozesse und sensorischen Übungen von inneren Rhythmen, Synchronisierungen und Aktivierungen von Energie-Zonen die Performance von zeitgenössischen Tänzer:innen prägt. So betont Frédéric Gies, dass eben diese Arbeit mit somatischen Praktiken die Individualität und Körpergeschichte der Tänzer:innen zeige: *„It doesn't hide the differences between people at this level, but lets them be visible. It makes the body education history of each performer visible, without judging it. I think this is a consequence of the way of initiating movement that comes from BMC®“*[32] Und zum anderen, wie frei die somatischen Praktiken eingesetzt werden, um neue Körperlichkeit und ein *inventory* als Werkstatt eines Experiments mit anatomischen Konzepten zu aktivieren.

Anne Jurens *Fantasmical anatomy* ist, wie auch die Bilder Maria Lassnigs und die Scores von Frédéric Gies, in vielerlei Hinsicht ein Experiment mit und über das Wissen vom Körper; das Wissen *über* den Körper und das Körperwissen als implizites Wissen. Die Bewegung, die zunächst entlang dem Modell der Anatomie initiiert wird, ist eine, in der das Wissen *über* den Körper, der je individuelle anatomische Atlas, nach innen projiziert wird. Organ-Bezeichnungen und Lage-Bestimmungen werden für jede:n Teilnehmer:in möglicherweise anders aussehen, je nach medizinischem Wissen, je nach Selbst-Erfahrung und nach subjektiven Vorlieben / Abneigungen. Kann ich etwas zu-ordnen, oder nicht? Wissen und Nicht-Wissen liegen oft nahe beieinander. Das, was geschieht, die imaginierte und spürende Bewegung durch den Körper, von hier nach da, ist nicht funktional. Sie ist sprunghaft, unterbrochen, von Aussetzern, von Rhythmus-Verzögerungen und Asynchronien begleitet. Die Teilnehmer:innen

31 Vgl. Frédéric Gies: *Dance (praticable). Score*, http://fredericgies.com/wp-content/uploads/2013/07/dance_score.pdf, letzter Zugriff: 30. 11. 2021.

32 Vgl. Frédéric Gies: *On Dance (praticable)*, in: Mette Ingvartsen, Alice Chauchat (Hg.): everybodys self interviews, Kopenhagen 2008, S. 44.

sind in dieser Selbst-Anatomie ihr „own cut-piece in itself", so Anne Juren im Interview: Eine Selbst-Zerstückelung (nichts anderes heißt „Anatomie") und dann eine Selbst-Neu-Zusammenfügung – ein Mensch „under re-construction". Das „Uneinsehbare" des eigenen Körperinnern *in* diesem Performance-Setting ist der Motor dafür, dass genau dies – der je eigene Körper – zur Bühne und Szene wird: ein Anatomie-Theater. Das Körperinnere als Black-Box; und die Bewegungen der imaginierten Organe als Agenten des Dramas. Es ist eine Experimentalanordnung, die mit dem Wissen und dem (subjektiven) Fühlen operiert.

Und genau hier, in dieser Freisetzung von Dynamiken des Angleichens und Verrückens von und am Modell (der Anatomie) zeigt sich der Effekt der Unvorhersehbarkeit, der sich in Modell und Modellierungen einträgt, und zwar so, dass diese Prozesse „unauflösbar Elemente spontaner Improvisation beinhalten."[33]

Halten wir zuletzt fest, welche Relevanz Modelle im Tanz haben (können); und wie Tanz*wissenschaft* diesen Einsatz von Modellen untersucht.

An Beispielen aus dem zeitgenössischen Tanz habe ich versucht zu zeigen, wie der Körper als „Modell" – und zwar von „Anatomie" – in der somatischen Praxis von TänzerInnen wie Anne Juren oder Frédéric Gies zum Ausgangspunkt eines explorativen und kreativen Experiments wird: als Basis und als „Partitur" für die künstlerische Produktion (einer Performance, einer Choreographie).[34] In der Art und Weise, wie etwa Anne Juren mit dem anatomischen Körper-Modell arbeitet, mit seinen Körper-topographischen Verschiebungen, Verzerrungen und fantasmatischen Öffnungen, zeigt sich *implizit* eine Kritik am Modell.

Tanzwissenschaftliche Analysen untersuchen diesen Umgang mit Modellen, die ästhetischen Wirkungen, die zeitgenössischen Kontexte in den Künsten und in Bezug auf Wissensdiskurse, sowie die historischen und kulturellen Traditionen in diesen Prozessen mit ihren jeweiligen Methoden (hermeneutisch, diskursanalytisch, bewegungsanalytisch, performancetheoretisch, wissenstheoretisch hinsichtlich epistemologischer Kontexte etc.). Das „Modell des Körpers", so vielschichtig und diskursabhängig es geschichtlich und kulturell-epistemologisch ist, wird im zeitgenössischen Tanz bei Künstler:innen wie Anne Juren und anderen einer Entgrenzung unterzogen. Modell-theoretisch bedeutet das, dass

33 Reinhard Wendler: *Das Modell zwischen Kunst und Wissenschaft*, München 2013, S. 10.

34 Daraus entstehen wieder – geradezu modellhaft – Diagramme und „mappings" der „somatischen" Exploration: Siehe z. B. die Serie der Workshops, initiiert von der Tänzerin Isabelle Schad, unter dem Titel Somatic Charting: The House is the Body, 8.10. bis 1. 12. 2021, diverse Titel und Workshops sh.: somaticcharting@gmail.com.

die Vereinfachungs-Funktion des Modells, seine Reduktion von Komplexität, kritisch unterlaufen wird: In der Öffnung, in der subjektiven Vervielfachung des anatomischen Modells, in seiner Verzeitlichung und surrealen Deformation bewirkt Jurens „Anatomical Session“ eine Kritik an der binären (symmetrischen) Konstruktion des Anatomie-Modells, den damit verbundenen Wissens-Diskursen, ihren genderbezogenen Klassifizierungen. So ist es nicht nur ein spielerisch-künstlerischer Umgang mit dem Modell, seiner epistemologischen Verankerung in Disziplinen und Wissens-Institutionen. Darin eröffnet sich auch jene „fruchtbare Option“, die Reinhard Wendler ein „undiszipliniertes Denken“ *zwischen* den Disziplinen (in Wissenschaft und Kunst) nennt: „Die Modellauffassung ermöglicht und nobilitiert hier ein nicht auf Disziplingrenzen verpflichtetes, ein undiszipliniertes Denken von großer Fruchtbarkeit.“[35] Dieses Potential besteht auch im ästhetischen Angebot eines Surplus – einer Vermehrung von Komplexität in der Herausforderung, „Körper“ anders, offener und diverser wahrzunehmen. Genau darin liegt das künstlerische und politische Potential dieses „Spiels“ mit dem Modell „Körper“.

Abbildungsverzeichnis

Abb. 1 Körperwasseranteil. URL: https://www-assets.withings.com/pages/health-insights/about-body-water/media/body-water-repartition-de.png, letzter Zugriff: 30. 11. 2021.

Abb. 2 Bewegungsapparat. URL:data:image/gif;base64,RolGODlhAQABAIAAAAAAAP///yH5BAEAAAAALAAAAAABAAEAAAIBRAA7, letzter Zugriff: 30. 11. 2021.

Abb. 3 Leonardo Da Vinci, Uomo Vitruviano,1492. URL: https://uploads2.wikiart.org/images/leonardo-da-vinci/the-proportions-of-the-human-figure-the-vitruvian-man-1492.jpg!Large.jpg, letzter Zugriff: 30. 11. 2021.

Abb. 4 Oskar Schlemmer, Raumlineatur mit Figur, 1924. URL: https://encrypted-tbno.gstatic.com/images?q=tbn:ANd9GcRS4EWTGwqPquG3u6zUwGc-2F9OHdU6Y9nHzBxYVf8EDZ8AfK4-m_6YhYZJ7Pg&s, letzter Zugriff: 07. 12. 2021.

Abb. 5 Carlo Blasis, The Code of Tepsichore, 1828. URL: https://d3i71xaburhd42.cloudfront.net/fab82ed921c93a62ec918fc9dca05923b5f7f057/250px/4-Figure5-1.png, letzter Zugriff: 07. 12. 2021.

Abb. 6 + 7 Frédéric Gies, Dance (Praticable),Score, Part 4 + 2, Glands and Lungs.

35 Reinhard Wendler: *Das Modell zwischen Kunst und Wissenschaft*, München 2013, S. 92.

Künstliche Intelligenz und Deep Learning

Bernhard Nessler

Künstliche Intelligenz wird zurzeit einerseits als wunderversprechendes Marketing-Schlagwort für moderne IT-Systeme (z. B. IBM Watson) verkauft und gelobt und andererseits als gefühllose, den Menschen beherrschen und vernichten wollende Bedrohung dargestellt und gefürchtet (z. B. Terminator, Ex Machina). Natürlich ist sie weder das eine noch das andere. Sie ist ein technisches Werkzeug zur Informations- und Wissensgewinnung. Der Motor dieser aktuellen IT-Revolution heißt Machine Learning oder Deep Learning (DL), mit dessen Hilfe wir aus großen Datenmengen unmittelbar anwendbares Wissen extrahieren können.

Die zugrundeliegende Methode von Deep Learning ist ein relativ einfacher mathematischer Optimierungsvorgang, genannt Gradientenabstieg, Je nach Anwendungsfeld und Menge der zur Verfügung gestellten oder auch künstlich erzeugten Daten werden die resultierenden Systeme als sehr unterschiedlich „intelligent" wahrgenommen.

Beispielsweise kann Deep Learning für die Erkennung von Objekten in natürlichen Bildern eingesetzt werden: Typischerweise wird dafür eine sehr große Menge von Bildern verwendet, in denen die einzelnen Objekte von Menschen mit Namen bezeichnet wurden[1]. Aus Millionen solcher Bilder und den zugehörigen Bezeichnungen, den sogenannten Labels, wird mit Deep Learning eine mathematische Funktion mittels Gradientenabstieg optimiert. Dabei wird die Funktion immer wieder auf diese Bilder angewendet, und die Parameter der Funktion werden bei jeder Anwendung in kleinen Schritten so verändert, dass das Funktionsergebnis dem gewünschten Label immer näherkommt. Bei einer geeigneten Wahl der Struktur der Funktion, ausreichend vielen Trainingsdaten und einer ausreichenden Anzahl an kleinen Anpassungsschritten, dem sogenannten Training, wird schließlich eine solche Funktion erreicht, die auch neue, im Training nicht enthaltene Bilder richtig bezeichnet und somit generalisierungsfähig ist. Das trainierte System ist sodann in der Lage, Menschen, Tiere und Objekte in typischen Darstellungen „korrekt" zu benennen.

1 https://viso.ai/computer-vision/image-recognition/, letzter Zugriff: 20.04.2022.

Inzwischen gelingt es auch, komplexere Modelle darauf zu trainieren, nicht nur einzelne Objekte zu bezeichnen, sondern vollständige Szenenbeschreibungen zu einem Bild zu liefern[2]. Sprach-Übersetzungssysteme werden in derselben Art und Weise trainiert unter Verwendung von mehrsprachigen Textbibliotheken[3]. Dabei stellt jeweils der Satz in der Zielsprache das Label für den Satz in der Ausgangssprache dar. Die resultierende mathematische Funktion nimmt also einen neuen Satz der Ausgangssprache und liefert als Ergebnis eine annehmbare Übersetzung in die Zielsprache. Die Anzahl der Parameter, also der Zahlenwerte in der Funktion, die bei diesem Training angepasst werden, liegt dabei bei mehreren Milliarden. Trotz der Verwendung von Rechenclustern mit 1000nden GPU's brauchen diese Trainingsvorgänge mehrere Wochen Rechenzeit[4]. Die durchaus brauchbaren resultierenden Übersetzungsfunktionen sind durch Google Translate[5] und DeepL[6] im Internet für jedermann zugänglich.

Typische Bilderkennungssysteme sind in vielerlei Hinsicht dem Menschen überlegen. So übersteigt die Anzahl der erkennbaren Tierarten und Pflanzenarten die entsprechende Fähigkeit durchschnittlich gebildeter Menschen bei weitem. Die Überlegenheit der trainierten Modelle zeigt sich auch sehr deutlich bei medizinischen Anwendungen, wie z. B. der Erkennung und Klassifikation von Hautkrebs aus Oberflächenbildern[7] oder anderer Krankheiten aus Gewebeschnittbildern[8]. Die besten Systeme erreichen dabei Leistungen, die selbst die diagnostischen Fähigkeiten eines spezialisierten Facharztes übertreffen.

Diese technische Überlegenheit zeigt sich am eindrucksvollsten bei Go, dem komplexesten Strategie-Brettspiel der Welt. Das KI-System AlphaGo Zero[9] basiert auf Deep Reinforcement Learning und lernt das Spiel völlig selbständig, indem es Millionen von Partien gegen sich selbst spielt und so selbst die Daten, also die Spielverläufe, erzeugt, von denen es lernt. Die DL-Funktion lernt, auf einen bestimmten Input, also eine bestimmte Stellung der Spielsteine auf dem

2 https://towardsdatascience.com/image-captioning-in-deep-learning-9cd23fb4d8d2, letzter Zugriff: 20. 04. 2022.

3 CUBBIT, (Charles University Block-Backtranslation-Improved Transformer Translation).

4 https://about.fb.com/news/2020/10/first-multilingual-machine-translation-model/, letzter Zugriff: 20. 04. 2022.

5 https://translate.google.com/?hl=de, letzter Zugriff: 22. 04. 2022.

6 https://www.deepl.com/translator, letzter Zugriff: 22. 04. 2022.

7 https://cs.stanford.edu/people/esteva/nature/, letzter Zugriff: 22. 04. 2022.

8 https://www.nature.com/articles/s41467-021-22518-0, letzter Zugriff: 22. 04. 2022.

9 https://www.deepmind.com/blog/alphago-zero-starting-from-scratch, letzter Zugriff: 22. 04. 2022.

Brett, den optimalen Zug in dieser Stellung als Output auszugeben. AlphaGo Zero ist mittlerweile unwidersprochen der stärkste Go Spieler der Welt und jedem/jeder menschlichen Spieler:in überlegen.

Dennoch nimmt der Mensch, gerade im Bereich der sensorischen Wahrnehmung und der feinmotorischen Bewegungen in der realen Welt, KI-Systeme nicht als überlegen wahr.

Dies betrifft beispielsweise die differenzierte Erkennung realer Objekte, Szenen in natürlichen Bildern, allgemeines Sprachverständnis, oder den großen Bereich des autonomen Fahrens[10]. Die KI-Systeme bewerten den Bedeutungskontext in Bildern meist anders als ein Mensch. Ein Fahrrad wird zwar als solches erkannt, auch wenn es deformiert oder teilweise zerlegt ist. Sofern unterschiedliche Bezeichnungen für derartige Deformationen nicht ausdrücklich gelernt wurden, können diese aber vom System nicht berücksichtigt werden. Das System hat ja nie versucht, Fahrrad zu fahren, daher ist die Unterscheidung eines funktionierenden Fahrrads von einem nicht funktionierenden im Rahmen der DL-Optimierung bedeutungslos. Ein digitaler Pilot muss nicht nur die Objekte und Personen im Straßenverkehr erkennen, sondern auch die vielen Zusammenhänge der Objekte untereinander verstehen und auf Hinweise von Menschen und deren Absichten richtig reagieren. Auch werden in sich widersprüchliche Bilder nicht als solche erkannt. Ein Pegasus würde wahrscheinlich als normales Pferd erkannt, die Flügel würden eventuell getrennt als Vogel bezeichnet. Wenn ein System, so wie die meisten gängigen KI-Systeme heute, lediglich zur Objekterkennung trainiert wurde, dann hat es noch kein Verständnis für Surrealismus oder Widersprüchlichkeiten.

Die sehr unterschiedlichen Ausprägungen und Wahrnehmungen der Leistungsfähigkeit von Deep Learning, also seiner Intelligenzleistung, haben im Wesentlichen drei Gründe.

Zum Ersten liegen in manchen Anwendungsdomänen nicht genug oder nicht die richtigen Daten vor, um die Problemlösung mit Deep Learning zu lernen, wie zum Beispiel beim autonomen Fahren oder allgemein bei komplexen robotischen Anwendungen.

Für ein vollständiges Lernen der Anwendung aus (Daten-)Erfahrungen müssten nicht nur unfallfreie (erfolgreiche) Fahrszenen vorliegen, so wie sie von Testfahrern erstellt werden, sondern auch entsprechend viele Fehlschläge und Misserfolge in den Daten aufscheinen, die in der Realität in ein Unfallszenario

10 https://www.washingtonpost.com/technology/2022/02/10/vid eo-tesla-full-self-driving-beta/, letzter Zugriff: 22.04.2022.

münden würden. Ein DL-System lernt gerade aus seinen eigenen Fehlern, also aus dem Unterschied zwischen seinen erfolgreichen und seinen fehlerhaften Entscheidungen bzw. Handlungen. Alpha Go Zero lernt deshalb so gut, weil ausgewogene Mengen von simulierten Siegen und Niederlagen in den Daten vorliegen. Es liegt auf der Hand, dass es unethisch und nicht zuletzt auch unwirtschaftlich wäre, derartige Daten für autonomes Fahren in der realen Welt aufzunehmen.

Zum Zweiten beurteilt der Mensch die vorliegenden KI-Systeme sehr subjektiv und zudem erfolgt die intuitive Bewertung zumeist relativ zu den Leistungen von Menschen in der jeweils gleichen Anwendung. Die Ambivalenz in der Wahrnehmung von KI-Systemen durch den Menschen zeigt daher die Naivität des Menschen in der Einschätzung der eigenen Fähigkeiten und Defizite. In allem, was sensorische und feinmotorische Fähigkeiten in unserer unmittelbaren Erfahrungswelt betrifft, von der mühelos erlernten Muttersprache, der eigenen Bewegung und Orientierung im Raum, über Feuer machen, kochen und handarbeiten, bis hin zum Zusammenbau und zur Steuerung technischer Maschinen und Fahrzeuge, ist der Mensch eine hochspezialisierte, hocheffiziente und hochleistungsfähige biologische Maschine. Diese herausragenden Fähigkeiten jedes einzelnen Menschen gelten als alltäglich und werden kaum als besondere Leistung wahrgenommen. Als herausragend bewunderte menschliche Fähigkeiten, wie Schach oder Go spielen, komplizierte Berechnungen durchführen oder lange Gedichte auswendig rezitieren können, liegen hingegen in Bereichen, in denen der Mensch grundsätzlich ineffizient ist, deren Bewältigung also größte Anstrengung von uns verlangt und in denen Maschinen uns inzwischen deutlich übertreffen. Eine anthropomorphisierende Betrachtung der aktuellen KI-Systeme relativ zu den menschlichen Fähigkeiten führt also zwangsläufig zu der heute beobachteten verzerrten Wahrnehmung.

Der dritte Grund für die menschliche Fehleinschätzung von heutigen KI-Systemen ist die intuitive Annahme, dass die Maschine so lernt und denkt, wie ein Mensch glaubt, von sich selbst zu wissen, dass er denkt. In dieser intuitiven Annahme stecken typischerweise gleich zwei Fehler. Zum einen sind die Teile unserer Denkvorgänge, die wir bewusst erleben, nicht tatsächlich bestimmend für unsere unmittelbaren Handlungen, sondern reflektieren lediglich retrospektiv unsere intuitiv gesetzten Handlungen[11]. Salopp gesagt, haben wir eine Entscheidung erst dann bewusst getroffen, wenn wir uns mehrfach hin

11 https://www.philosophie.uni-muenchen.de/lehreinheiten/philosophie_4/dokumente/jnr_singer.pdf, letzter Zugriff: 22.04.2022.

und her entschieden haben. Diese Vorgangsweise trifft offensichtlich gerade auf sensomotorische Vorgänge nicht zu, denn dazu bleibt im Handlungsstrang keine Zeit. Zum anderen ist der selbst wahrgenommene Denkvorgang beschränkt auf wenige, einzeln bewusste Fakten, Gefühle und Argumente, die wir zu einer Schlussfolgerung, also einer mehr oder weniger logischen Argumentationskette, zusammenfügen.

Dieses Verständnis eines schrittweise algorithmisch sich verfeinernden Denkvorgangs war für die ersten Rechenmaschinen und für traditionelle Algorithmen richtig, ist aber als Vorstellungsmodell für KI-Systeme, die auf Deep Learning beruhen, irreführend.

Denn in solchen DL-Systemen erfolgt der Informationsfluss in einem einzigen feed-forward pass, in welchem der Input durch die einzelnen Schichten des Netzwerks hindurch Schritt für Schritt verarbeitet wird, bis der Wert am Ausgang schließlich als Entscheidung zur Verfügung steht.

Diese unmittelbare und direkte Verarbeitung gleicht viel eher der menschlichen Intuition, also dem unmittelbaren Gefühl für die richtige Entscheidung, ohne rational über eine Argumentation nachzudenken. Ebenso hat der maschinelle Lernvorgang wenig mit dem bewussten verstehenden Lernvorgang des Menschen zu tun, sondern vielmehr mit dem unbewussten Lernen aus Erfahrung. Die Intuition entsteht also aus der oftmals geübten Praxis.

In diesem Licht wird auch verständlich, warum aktuelle KI-Systeme typischerweise keine Erklärungen für die getroffenen Entscheidungen bieten. Der Mensch kann ja auch nicht erklären, woher seine Intuition, also sein Bauchgefühl kommt. Die typische Antwort eines Menschen auf diese Frage würde lauten: aus Erfahrung. Dieselbe Erklärung trifft auch auf DL-Systeme zu, wobei die Quelle der Erfahrung eines DL-Systems in dem wohldefinierten Trainingsdatensatz bzw. dem Trainingsprozess besteht.

Zusammenfassend können wir feststellen, dass moderne auf Deep Learning beruhende KI-Systeme ein starkes Werkzeug der Informationstechnik sind, deren richtiger Einsatz automatisierte Problemlösungen in neuen Anwendungsfeldern ermöglicht. Die Qualität dieses Werkzeugs besteht darin, aus sehr umfangreichen Datenmengen hoch nichtlineare Korrelationen zu extrahieren und als unmittelbar funktional nutzbares Wissen anwendbar zu machen. Deep Learning ist ein Instrument von hoher technischer Qualität zur Erzielung datengetriebener Problemlösungen. Beim Umgang mit dieser neuen Technik wird der irreführende Begriff der Intelligenz gerne unzutreffender Weise mit dem freien Willen und der Macht zu eigennützigen Entscheidungen der Maschine assoziiert und sollte daher vermieden werden.

Simulation in den Sozialwissenschaften

Wie individuelles menschliches Verhalten und Systemverhalten einander bedingen

Klaus G. Troitzsch

1. Einleitung

Der vorliegende Beitrag gibt einen kurzen Überblick über Ursprünge, Möglichkeiten und Ziele der Anwendung computergestützter Verfahren in der Modellierung und Simulation im Feld der Sozialwissenschaften und geht dabei zunächst auf die Besonderheiten ein, die der Gegenstandsbereich der Sozialwissenschaften im Vergleich zu den Naturwissenschaften bietet. Danach sollen drei Beispiele sehr unterschiedlicher Simulationen das breite Spektrum zeigen, das sozialwissenschaftliche Simulationen heutzutage prägt, die mehr und mehr individuenbasierte (agentenbasierte) Simulationen sind, ohne dabei einem methodologischen oder ontologischen Individualismus das Wort zu reden – vielmehr geht es bei diesen Simulationen, und die Beispiele sollen das auf unterschiedliche Weise zeigen, darum, emergente Phänomene entstehen zu lassen und dadurch den Zusammenhang zwischen individuellem Verhalten auf der Mikroebene der Individuen und den Phänomenen auf der Makroebene größerer sozialer Systeme zu erklären. Der Beitrag schließt mit einem Ausblick auf Strategien zur Modellierung politischer Alternativen, mit denen die Zusammenarbeit von Expertinnen und Experten aus unterschiedlichen Anwendungsdomänen und von solchen aus der Informatik durch geeignete Software unterstützt werden kann.

2. Ursprünge, Möglichkeiten, Zwecke

Erste Versuche, digitale Computer für die sozialwissenschaftliche Forschung einzusetzen, gab es bereits sehr früh, nicht nur für die Analyse großer Datenmengen, sondern schon in den 1950er und 1960er Jahren zur Prognose gesellschaftlicher Entwicklungen auf lokaler oder globaler Ebene. Zu nennen ist hier zunächst System Dynamics (Forrester[1], später Meadows[2]), ein Ansatz, mit dem versucht wurde, die Zukunft der Menschheit und der Umwelt des Planeten bis zum Ende des 21. Jahrhunderts vorherzusagen, und der zum Ergebnis kam, dass die Erde bei unveränderter Fortsetzung des Ressourcenabbaus und der Umweltbelastung nahezu unbewohnbar werden würde. Etwa gleichzeitig, fast noch etwas eher, begannen Politikwissenschaftler, individuenbasierte Simulationsmethoden in der Wahl- und Einstellungsforschung (Abelson, de Sola Pool) zu nutzen, um zu erklären, wie beispielsweise in einem Landkreis die Meinungsbildung zur Frage der Fluoridierung von Trinkwasser zustande kommt[3], oder Wahlkampfstrategien auf ihre Effekte hin zu untersuchen und dabei auch Empfehlungen zur Optimierung etwa des Präsidentschaftswahlkampfs von John F. Kennedy abzugeben[4].

All diesen Ansätzen ist gemeinsam, dass die Annahmen der Forscherinnen und Forscher aus ihren mentalen Modellen nicht nur – wie in den Sozialwissenschaften sonst üblich – in natürliche Sprache oder – wie vor allem in der Physik – in mathematische Gleichungen, sondern in ein drittes Symbolsystem[5], nämlich das der Programmiersprachen, übersetzt wird. Auf diese Weise ist es möglich, das mentale Modell in einer eindeutigen Weise zu formulieren, die von Computern so interpretiert werden kann, dass diese eindeutige Ableitungen aus dem Modell vornehmen können, ohne den Beschränkungen mathematischer Ableitung zu unterliegen. Gerade bei den komplexen Modellen in der Biochemie, Biologie und in allen Sozialwissenschaften benötigt man nichtlineare oder stochastische Differentialgleichungen, für die es meist keine analytischen Lösungen gibt, so dass man hier ohnehin auf numerische Lösungen ausweichen müsste.[6] Der erwähnte Ansatz System Dynamics ist eigentlich ein Fall, in dem

1 Jay W. Forrester, *World Dynamics*. Cambridge, MA 1971.

2 Dennis Meadows, Donnella Meadows, Erich Zahn, Peter Milling, *Die Grenzen des Wachstums. Bericht des Club of Rome zur Lage der Menschheit*. Stuttgart 1972.

3 Robert P. Abelson, Alex Bernstein, *A Computer Simulation Model of Community Referendum Controversies. Public Opinion Quarterly*, 1963, *27*, 93–122.

4 Ithiel de Sola Pool, Robert P. Abelson, *The Simulmatics Project. Public Opinion Quarterly, 1961, 27*, 167–183.

5 Thomas Ostrom, *Computer Simulation: The Third Symbol System. Journal of Experimental Social Psychology*, 1988, *24*, 381–392.

6 Hierauf hat schon Mitte der 1960er Jahre James S. Coleman auf den letzten beiden Seiten seines Buchs *Introduction to Mathematical Sociology*. New York 1964, S. 528–529, hingewiesen und nicht geahnt, dass kaum 30 Jahre später Computer so leistungsfähig sein würden, dass agentenbasierte Modelle wie das von Abelson und Bernstein auf den PCs der einschlägig Forschenden laufen würden.

die Entwicklung eines komplexen Systems von Jahr zu Jahr mit Differenzengleichungen beschrieben wird, insofern aus dem jeweils aktuellen Stand zahlreicher Variablen jährliche Veränderungsraten geschätzt werden, die dann dazu verwendet werden, den Stand der nächsten Periode vorauszuberechnen. Dabei sollte man immer im Auge behalten, dass die Variablen, die den Zustand eines sozialen Systems beschreiben, sich nicht in Jahresabständen, sondern nahezu kontinuierlich verändern, und dass es nicht eigentlich die Bevölkerung ist, die Jahr für Jahr um einen gewissen Prozentsatz wächst oder schrumpft, sondern dass es Frauen sind, die zu gewissen, keineswegs gleichabständigen Zeiten Kinder gebären, dass es einzelne Menschen sind, von denen einige ein- oder auswandern und die am Ende zu unterschiedlichen Zeitpunkten sterben.

Individuenbasierte Ansätze sind jedenfalls in den Sozialwissenschaften fast stets, aber oft auch in der Biologie und selbst in der Physik meist angemessener, wenn sie das Verhalten von Partikeln, Molekülen, Zellen, Pflanzen, Tieren, Menschen und die Interaktionen zwischen ihnen in den Blick nehmen. Die folgenden beiden Tabellen zeigen einige Eigenschaften von Systemen, wie sie im Fokus verschiedener Wissenschaften stehen, die es bei der Modellierung zu berücksichtigen gilt. Sie zeigen, dass man sich je nach Wissenschaft also bei Modellbildung und Simulation auf die Eigenheiten des Objektbereichs einstellen muss, so dass es nur ausnahmsweise zweckdienlich ist, eine Menschenmenge modellierend beispielsweise so zu behandeln, als bestehe sie aus Metallkugeln, zwischen denen Anziehungs- oder abstoßende Kräfte wirken.

Von seltenen Ausnahmen abgesehen – etwa beim Verhalten großer Menschenmengen, in denen die Individuen voneinander isoliert sind[7] – ist es immer erforderlich, den Repräsentanten handelnder Personen in einem Simulationsmodell wenigstens einige menschliche Fähigkeiten zu verleihen. Zu diesen Fähigkeiten gehört in agentenbasierten Simulationsmodellen auf jeden Fall die Fähigkeit zur Kommunikation, mindestens mit einfachen Botschaften, die Agenten einander zusenden und auf die sie reagieren können, wie dies zum Beispiel in zwei der drei hier vorzustellenden Modellen geschieht. Unter Einbeziehung von Verfahren der Künstlichen Intelligenz wird in Zukunft auch weniger primitive Kommunikation in agentenbasierten Modellen möglich

---

7 Anders Johansson, Dirk Helbing, Habib Z. Al-Abideen, Salim Al-Bosta, *From crowd dynamics to crowd safety: A video-based analysis. Advances in Complex Systems,* 2008, *11*, 497–527; Almoaid Owaidah, Daina Olaru, Mohammed Bennamoun, Ferdous Sohel, Nasim Khan, *Review of Modelling and Simulating Crowds at Mass Gathering Events: Hajj as a Case Study. Journal of Artificial Societies and Social Simulation,* 2019, *22 (2) 9*.

sein.[8] Der umgekehrte Versuch, soziologische Theorie für die Weiterentwicklung von Theorien zur (verteilten) künstlichen Intelligenz nutzbar zu machen, ist bisher nicht sehr fruchtbar gewesen, vielleicht weil er sich an Luhmanns Kommunikation ohne Agenten anlehnte.[9]

Tabelle 1 Eigenschaften von Systemen in den Gegenstandsbereichen verschiedener Wissenschaften.

Physikalische Systeme	**Lebende Systeme**	**Menschliche Sozialsysteme**
	bestehen aus	
Partikeln, die	Lebewesen, die	handelnde Personen, die
Naturgesetzen gehorchen,	teilweise autonom sind, weil mehrere Verhaltensalternativen mit den Naturgesetzen vereinbar sind,	weitestgehend autonom sind, weil sie sich die Naturgesetze zunutze machen können,

8 Fortschritte in dieser Richtung, vor allem insoweit Simulationswerkzeuge zur Verfügung gestellt werden, die die Modellierung von Kommunikation unterstützen, gibt es seit etwa 2000, vgl. z. B. Ilias Sakellariou, Petros Kefalas, Ioanna Stamatopoulou, *Enhancing NetLogo to Simulate BDI Communicating Agents.* In: John Darzentas, George Vouros, Spyros Vosinakis, Argyris Arnellos (Hg.), *Artificial Intelligence: Theories, Models and Applications, Lecture Notes in Artificial Intelligence 5138*, 2008, 263c275; Fabien Michel; Jacques Ferber & Alexis Drogoul, *Multi-Agent Systems and Simulation: A Survey from the Agent Community's Perspective.* Adelinde M. Uhrmacher & Danny Weyns (Hg.), *Multi-Agent Systems. Simulation and Applications,* Boc Raton London New York: 2018, 3–51, speziell Abschnitt 1.4.3; Henrique L. Cardoso, *SAJaS: Enabling JADE-Based Simulations. Transactions on Computational Collective Intelligence XX,* 2015, 158–178.

9 0.6 und 1.0 verglichen wird, erlaubt es, abzuschätzen, wie groß δ in jedem einzelnen Schuljahr ungefähr war. Thomas Malsch, Christoph Schlieder, Peter Kiefer, Maren Lübcke, Rasco Perschke, Marco Schmitt, Klaus Stein, *Communication Between Process and Structure: Modelling and Simulating Message Reference Networks with COM/TE.* Journal of Artificial Societies and Social Simulation, 10 (1) 9, 2007, erklären ausdrücklich: "In contrast to mainstream actor-based sociology our approach is communication-based." Sie fügen zwar in einer Fußnote hinzu: "Note that we do not deny that society 'in reality' is made up of interacting human beings and is, of course, unable to exist without them. What is at stake, however, is how to explain social phenomena 'in theory'. And here the individual actor or human action may not be the best candidate." Daher ist ihr Sozionik-Ansatz weit vom Mainstream der Computational Social Science und von der agentenbasierten Simulation entfernt. Es scheint auch zur Zeit nicht weiter verfolgt zu werden – die im genannten Artikel in Fußnote 1 zitierten Webseiten existieren nicht mehr.

wenige verschiedene Interaktionsweisen haben, die von wenigen Naturgesetzen determiniert werden,	mehr Interaktionsweisen haben, weil sie mit chemischen Substanzen und (einige Arten von Lebewesen) mit Lautäußerungen kommunizieren können,	verschiedenartigste Interaktionsweisen haben und jederzeit neue erfinden können,
keine Rollen spielen,	wenige unterschiedliche Rollen annehmen können,	viele verschiedene Rollen, auch gleichzeitig, annehmen können,
keinerlei Bewusstsein haben,	allenfalls eingeschränktes Bewusstsein haben,	der meisten ihrer Rollen und Interaktionen bewusst sind,
nicht kommunizieren.	nur sehr eingeschränkt untereinander kommunizieren.	in symbolischen Sprachen auch über nicht Existierendes kommunizieren können.

Nur wenn Kommunikation zwischen Menschen in den Fähigkeiten von Software-Agenten angemessen abgebildet wird, ist es möglich, zu „verstehen" und in einem geeigneten Symbolsystem zu erklären[10], wie ein soziales System entsteht und wie es sich weiterentwickelt. Epstein und Axtell[11] haben das auf die Formel gebracht: „Can you explain it? = Can you grow it?". Danach bedarf es der Möglichkeit, ein Phänomen *in silico* entstehen zu lassen, um zu sagen, man habe es erklärt. Das ist nicht weit entfernt von der Aussage von Max Planck in einem Vortrag vor 90 Jahren, in der er die Aufgabe des Physikers (und wohl allgemein des/der Wissenschaftlers/in) beschrieb: er erstelle ein „System von Begriffen und Sätzen …, welches er … so ausstattet, daß es, an die Stelle der realen Welt gesetzt, ihm möglichst die nämlichen Botschaften zusendet als diese."[12] Es geht also darum, vorherzusagen, was in einem in einer Programmiersprache

10 Die Diskussion um die Begriffe „Erklären" und „Verstehen" geht viele Jahrzehnte – mindestens bis zu Wilhelm Dilthey, *Einleitung in die Geisteswissenschaften. Versuch einer Grundlegung für das Studium der Gesellschaft und der Geschichte. Gesammelte Schriften 1*, Stuttgart 1959, urspr. 1883 – zurück; vgl. auch Theodore Abel, *The Operation Called "Verstehen". American Journal of Sociology*, 1948/1949, *54*, 211–218, und Hans Albert, *Plädoyer für kritischen Rationalismus*. München 1971, vor allem das Kapitel „Hermeneutik und Realwissenschaft", 106–149; sowie Karl-Otto Apel, *Die Erklären:Verstehen-Kontroverse in transzendentalpragmatischer Sicht*. Frankfurt 1979; diese Diskussion kann hier aber nicht wiederholt werden.

11 Joshua M. Epstein, Robert Axtell, *Growing Artificial Societies – Social Science from the Bottom Up*. Cambridge, MA 1996.

12 Max Planck, *Positivismus und reale Außenwelt. Vortrag gehalten am 12. November 1930 im Harnack-Haus der Kaiser-Wilhelm-Gesellschaft zur Förderung der Wissenschaften*. In: Max Planck, *Vorträge und Erinnerungen*. Stuttgart *5. Aufl.* 1949, 228–245, hier S. 255; Planck

formulierten künstlichen sozialen System demnächst unter gleichbleibenden oder von außen veränderten Gegebenheiten geschehen könnte, um damit zu erklären und möglicherweise vorherzusagen, was in dem realen sozialen System, dem die Modellierung zu Grunde lag, unter vergleichbaren Bedingungen erwartet werden kann.

Tabelle 2 Interaktionsweisen der Komponenten von Systemen in verschiedenen Gegenstandsbereichen.

Physikalische Partikel	**Lebewesen**	**Handelnde Personen**
interagieren mit der Hilfe	interagieren außerdem mit der Hilfe	
einiger weniger Arten von Kräften,	chemischer Substanzen (Pheromonen) und ihrer Konzentrationsgradienten,	physikalische Kräfte und chemischer Substanzen, die allerdings als Kommunikationsmittel hinter Lautäußerungen und graphischen Symbolen weit zurücktreten,
von Kraftfeldern die sich durch ihre Bewegungen ändern.	von Lautäußerungen, die allenfalls halbwegs symbolisch sind,	von Lautäußerungen und graphischen Symbolen mit einem unbegrenzten Lexikon, die sich auch auf Abwesendes und nicht Existentes beziehen können,
	gegenseitiger Beobachtung, aus denen sie eventuell Bevorstehendes vorhersehen können.	gegenseitiger Beobachtung, aus denen Regularitäten abgeleitet werden können, die ihrerseits anderen mitgeteilt werden können, so dass sie voneinander auch außerhalb von Beobachtungssituationen lernen können.

Ein Simulationsmodell in den Sozialwissenschaften ist also eine künstliche Gesellschaft, in der Agenten[13] als Repräsentanten handelnder Personen so agieren, wie der Modellierer oder die Modelliererin annimmt, dass reale Männer und Frauen in einer Situation wie der modellierten handeln würden, zum Beispiel in einem Spielmodell, in dem zahlreiche Autofahrer-Agenten sich

war noch nicht bewusst, dass es auch zu seiner Zeit schon Physikerinnen und allgemein Wissenschaftlerinnen gab.

13 Das Wort „Agent“ wird hier ausschließlich für ein in einer geeigneten Programmiersprache programmiertes Softwareobjekt verwendet, welches seine eigenen Instanzvariablen verändern kann und Botschaften mit anderen solchen Softwareagenten austauschen kann. Für eine ausführlichere Definition vgl. Nigel Gilbert, *Agent-Based Models. Quantitative applications in the social sciences 153*, Thousand Oaks, London 2008.

nach einiger Zeit darauf einigen, dass alle dieselbe Straßenseite benutzen, um Unfällen und Staus vorzubeugen.[14]

3. Spielmodelle

Spielmodelle – noch abschätziger: toy models genannt – können (wie alle Lernspiele) einen Nutzen haben, indem sie zeigen, wie die Anwendung einfacher oder komplexerer individueller Regeln in vielfältigen Aktionen zahlreicher Softwareagenten zur Entstehung von allgemein befolgten Regeln oder anderen emergenten Phänomenen führt. Im Beispielmodell lernen die Agenten auf ihren Wegen zwischen Wohnung und Arbeitsplatz, wie oft ihnen auf ihrer Fahrbahn Fahrzeuge entgegenkamen, wie oft sie auf die andere Fahrbahn ausweichen mussten, wie oft die Entgegenkommenden ausgewichen oder eben nicht ausgewichen sind, und wie sie ihr Verhalten gegenüber anderen simulierten Verkehrsteilnehmern kommuniziert haben. Jede Begegnung und vor allem das Ergebnis einer jeden Auseinandersetzung über das aus der Sicht des einen oder anderen „richtige" Fahrverhalten verstärkt die individuelle Überzeugung, dass beider Verhalten nach dieser Begegnung wohl das zweckmäßigere Verhalten ist. Aus diesen individuellen Erfahrungen entwickeln die Agenten eine individuelle Maßregel für ihre nächste Begegnung, die im Laufe der Zeit für alle gleich und damit Norm wird. Damit lässt „dieser Ansatz" wohl doch nicht „eine ganze Reihe von Fragen offen, wie z. B. nach dem Woher der Norm, nach der Änderungsfähigkeit einer Norm, nach der Sanktionierung von Normverletzungen"[15], denn die Norm wird hier zu einem emergenten Phänomen, sie kann sich – siehe Abbildung 1 in den beiden unteren Diagrammen – ändern,

14 Klaus G. Troitzsch, *Can lawlike rules emerge without the intervention of legislators? Frontiers in Sociology* 2018, 3, 2, doi: 10.3389/fsoc.2018.00002; das lauffähige Modell kann unter https://userpages.uni-koblenz.de/~kgt/Publications/TrafficLawEmergence.nlogo heruntergeladen werden. Die erforderliche Software steht unter https://ccl.northwestern.edu/netlogo/download.shtml zur Verfügung (letzter Zugriff: 26. 04. 2022).

15 Jörg Wellner, *Luhmanns Systemtheorie aus der Sicht der Verteilten Künstlichen Intelligenz.* Thomas Kron (Hg.), *Luhmann modelliert. Sozionische Ansätze zur Simulation von Kommunikationssystemen,* Opladen: 2002, 11–23, hier S. 16. Wellner bezieht sich hier explizit auf Mario Paolucci, Rosaria Conte, *Reproduction of Normative Agents: A Simulation Study.* Adaptive Behavior, 7 (3–4) 1999, 307–321; vgl. ausführlicher Rosaria Conte; Giulia Andrighetto, Marco Campennì (Hg.), *Minding Norms. Mechanisms and Dynamics of Social Order in Agent Societies.* Oxford 2013.

und die Sanktionierung ergibt sich schon daraus, dass Ego Anstoß nimmt am Verhalten von Alter und die Auseinandersetzung dazu führt, dass einer von beiden Fahrzeugagenten sich durchsetzt.

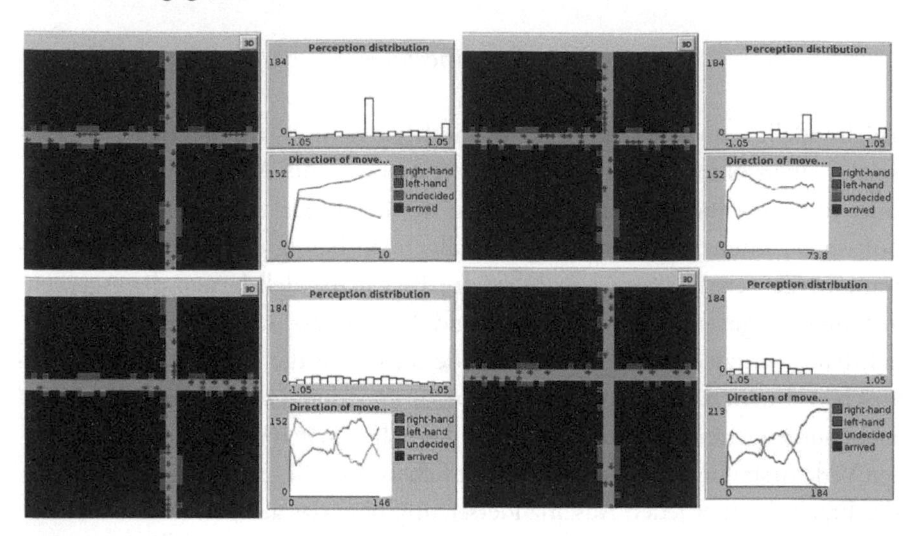

Abb. 1 Ausschnitte aus dem Simulationsmodell zu vier verschiedenen Zeitpunkten (9, 63, 128 und 181).

Abbildung 1 zeigt jeweils einen Ausschnitt aus dem stilisierten Straßennetz zu den Zeitpunkten 9, 63, 128 und (kurz vor Ende des Simulationslaufs) 181: Fahrzeugagenten begegnen sich auf den grauen Straßen, rote benutzen die in Fahrtrichtung linke, grüne die rechte Fahrspur, wenn sie zwischen Wohnung (braun) und Arbeitsplatz (violett) unterwegs sind. Zunächst gewinnen die Rechtsfahrer die Oberhand, wobei die meisten – siehe das Histogramm links oben – noch keine eindeutige Präferenz haben. Später wechselt die Mehrheit mehrfach. Zum Zeitpunkt 63 sind die Rechtsfahrer weiter in der Mehrheit, viele haben immer noch keine eindeutige Präferenz, aber einige sind überzeugte Rechtsfahrer – siehe das Histogramm oben rechts. Wieder etwas später, zum Zeitpunkt 128, sind die Linksfahrer in der Mehrheit, die Präferenzen sind aber wieder einigermaßen gleich verteilt, und sehr überzeugte Rechtsfahrer gibt es nicht mehr, wie das Histogramm links unten zeigt. Etwa ab Zeitpunkt 175 gibt es keine Rechtsfahrer mehr, alle Präferenzen liegen links der Mitte.

Man nehme also ein paar plausible Annahmen über Verhalten und Handlungen von Menschen, beschreibe sie in einer passenden Programmiersprache und lasse sie – in einem Netzwerk oder auf einer sonst geeigneten Topographie – miteinander in Wechselwirkung treten.

Dann prüfe man, ob das, was im Simulationsmodell vor sich geht, Ähnlichkeit hat mit dem, was in einem vergleichbaren realen System vor sich geht (oder früher vorgegangen ist), und man hat ein computergestütztes Gedankenexperiment zum Mikro-Makro-Link, den James Coleman[16] in einer Graphik veranschaulicht hat, die Riccardo Boero[17] weiterentwickelt hat (Abbildung 2).

Im Beispiel mit dem Linksverkehr ist die Mikro-Ursache in der Realität wie in der Simulation die Botschaft, die die Leute, die ein Fahrzeug führen, bzw. die sie repräsentierenden Agenten jedes Mal senden und empfangen, wenn sie einem anderen Fahrzeug begegnen: sie passieren einander, weil sie beide auf der gleichen (linken oder rechten) Fahrspur fahren – eine sehr eingeschränkte Kommunikation –, sie behindern einander, weil der eine aus der Sicht des anderen auf der falschen Spur fährt, und weisen einander streitend auf die vermeintlichen Fahrfehler hin, so dass am Ende einer von beiden die Spur wechselt (Unfälle im strengen Sinne sieht das Modell nicht vor). Der Mikro-Effekt als Ergebnis des als Pfeil 2 dargestellten Einflusses, den die Individuen aufeinander ausüben, ist, dass beide nach einer solchen Begegnung ihre Fahrt fortsetzen können und sich merken, dass es zweckmäßig ist, diese jetzt benutzte (linke oder rechte) Fahrspur zu benutzen. Der Makro-Effekt als Ergebnis des Pfeil 3 dargestellten Einflusses ist, dass ein weiteres Mal der Verkehr (auch für andere Fahrzeuge in der Nähe) nicht dauerhaft behindert worden ist – was indessen (über den von Boero neu eingeführten Pfeil 5) die Makro-Ursache für die nähere Zukunft verändert: der Verkehr ist im günstigen Fall, wenn auch zunächst nur ein wenig, flüssiger geworden, und Behinderungen und damit Botschaften, dass man sein Fahrverhalten ändern sollte, werden weniger. Im ungünstigen Fall wurde ein Stau oder ein Beinahe-Unfall erlebt, der Verkehr ist also weniger flüssig geworden, aber auch daraus können Menschen – und Agenten – lernen. Dies beeinflusst wiederum – über den Pfeil 1 – als Ergebnis der von den Individuen erlebten Makro-Ursache die Mikro-Ursache des Verhaltens in der näheren Zukunft.

Das von James Coleman zur Illustration des Mikro-Makro-Links verwendete und von Riccardo Boero weiterentwickelte Schaubild hat schon bei Émile Durkheim, einem der Begründer der Soziologie als Wissenschaft, einen Vorläufer, wenn er einerseits von einer „zwingenden Macht" spricht, die „bezeugt, daß die sozialen Phänomene eine von der unseren verschiedene Natur aufweisen,

16 James S. Coleman, *The Foundations of Social Theory*. Boston, MA. 1990, 7.

17 Riccardo Boero, *Behavioral Computational Social Science*. Chichester 2015, p. 14, Fig. 2.1.

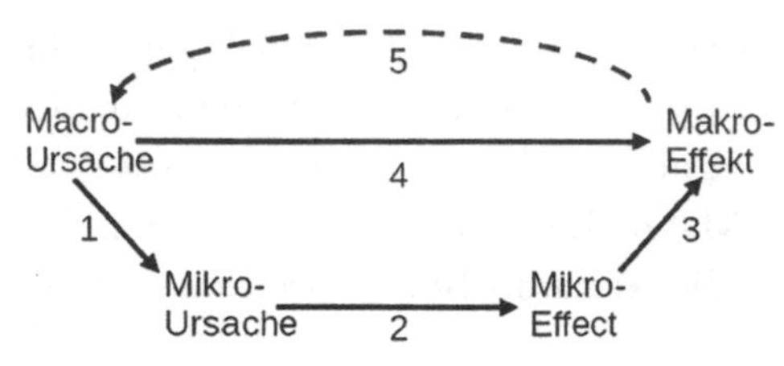

Abb. 2 Mikro-Makro-Link nach Coleman und Boero.

da sie nicht anders als gewaltsam in uns eindringen und mehr oder minder schwer auf uns lasten" – das entspricht dem Pfeil 1 von der Makro-Ursache zur Mikro-Ursache – und andererseits schreibt: „Die einzelnen Psychen müssen noch assoziiert, kombiniert und in einer bestimmten Art kombiniert sein; das soziale Leben resultiert also aus dieser Kombination und kann nur aus ihr erklärt werden."[18] Und dieses Resultat wird durch den Pfeil 3 bewirkt. Insgesamt erklärt alles zusammen, wie – Pfeil 4 – die Makro-Ursache auf den Makro-Effekt einwirkt – dies scheint auf der Makro-Ebene direkt zu geschehen, wird aber über die Mikro-Ebene vermittelt. Insgesamt wird also der gesamte Vorgang als emergentes Phänomen weder individualistisch noch holistisch, sondern systemisch dargestellt.[19]

Zur Frage, ob Simulationen Experimente – etwa computergestützte Gedankenexperimente – sind, gibt es eine lange Diskussion[20], die eigentlich nur zwei mögliche Ergebnisse haben kann. Wenn man den Begriff „Experiment" nur auf solche Vorgänge bezieht, bei denen Forschende und Realitätsausschnitte direkt miteinander in Beziehung treten und sich gegenseitig beeinflussen – wie in einer etwas älteren Lexikon-Definition[21], dann kann der Begriff „Gedankenexperiment"

---

18 Émile Durkheim, *Die Regeln der soziologischen Methode*. Hg. u. eingeleitet von René König. Neuwied/Darmstadt 1976, S. 186–187.

19 Nigel Gilbert, *Holism, Individualism, and Emergent Properties. An Approach from the Perspective of Simulation*. Rainer Hegselmann, Ulrich O. Mueller, Klaus G. Troitzsch, (Hg.), *Modelling and Simulation in the Social Sciences from a Philosophy of Science Point of View, Theory and Decision Library, Series A: Philosophy and Methodology of the Social Sciences series*, Dordrecht 1996, 1–12; Mario Bunge, *Systemism: the alternative to individualism and holism. The Journal of Socio-Economics* 2000, *29*, 147–157.

20 Diese Diskussion wurde jüngst zusammengefasst in: Nicole J. Saam, *Simulation in den Sozialwissenschaften*. In: Norman Braun, Nicole J. Saam (Hg.), *Handbuch Modellbildung und Simulation in den Sozialwissenschaften*. Wiesbaden 2015, 61–95, vor allem 66–78. Vgl. speziell zu Gedankenexperimenten zur Emergenz von Normen Corinna Elsenbroich, Nigel Gilbert, *Modelling Norms*. Dordrecht, Heidelberg, New York, London: 2014, vor allem S. 6–12.

21 Vgl. die Definition „dasjenige Verfahren des Naturforschers, bei welchem er, um die Richtigkeit der aufgestellten Naturgesetze zu erweisen oder neue zu gewinnen, selbsttätig in

nur metaphorisch gebraucht sein. Bezieht man den Begriff jedoch auf jede Art von Unternehmungen, die der Erweiterung des Wissens dienen sollen, dann wird „Gedankenexperiment" zu einem sinnvollen Begriff, und dann ist ein Simulationsmodell ein Ausschnitt aus einer im Computer erzeugten künstlichen Welt, mit dem Forschende in Beziehung treten, wenn sie Parameter z. B. auch im laufenden Modell verändern, um zu sehen, wie sich dadurch Simulationsergebnisse verändern. Es bleibt jedoch der Unterschied, dass man im Experiment im engeren Sinne das eigentliche Objekt des Interesses manipuliert, während man in der Simulation nur mit einem Modell statt mit dem eigentlich interessierenden Phänomen „experimentiert".[22]

Was die in Abbildung 1 dargestellten Simulationsergebnisse angeht, kann man freilich fragen, wie realistisch das Ergebnis ist, gemäß dem alle Agenten am Ende die gleiche Fahrspur benutzen. Das große Gedankenexperiment in Thomas Hobbes' Leviathan[23] und auch erste Simulationsversuche mit einem spieltheoretisch unterfütterten Modell[24] kamen zu ähnlichen Ergebnissen – dass sich alle einigen, sei es auf einen Souverän, der die Regeln setzt und ihnen Nachachtung verschafft, sei es auf eine Strategie, niemals anzugreifen, aber sich gegebenenfalls zu verteidigen. Demgegenüber sind die möglichen Ergebnisse des in Abbildung 1 dargestellten Modells in Abhängigkeit von den eingestellten Parametern vielfältiger: bei nur wenigen Fahrzeug-Agenten kann es sehr lange dauern, bis eine der Fahrspuren von allen benutzt wird, oder eine solche Situation ergibt sich nie, weil nicht genügend problematische Begegnungen geschehen. Und selbst bei der hier dargestellten Parametrisierung kann mit einer geringfügigen Erweiterung des Modells, bei der einzelne Agenten sich völlig zufällig und unabhängig von ihren gemachten Erfahrungen für eine Fahrspur entscheiden, eine Situation hervorgebracht werden, bei der es immer einen kleinen Anteil von „Geisterfahrern" gibt.

---

den Gang der Erscheinungen eingreift und die Naturkräfte unter Bedingungen aufeinander wirken läßt, die ohne sein Zutun gerade zu dieser Zeit nicht zusammengetroffen sein würden" in *Brockhaus' Kleines Konversations-Lexikon, fünfte Auflage, Band 1.* Leipzig 1911., S. 548, http://www.zeno.org/nid/20001093584, letzter Zugriff: 26. 04. 2022.

22 Nigel Gilbert, Klaus G. Troitzsch, *Simulation for the Social Scientist. Second Edition.* Maidenhead 2005, 14.

23 Thomas Hobbes, *Leviathan, or the Matter, Forme and Power of a Commonwealth, ecclesiasticall and civill. Everyman's Library, vol. 691,* London 1965 (ursprünglich 1651).

24 Juan Carlos Martinez Coll, *A bioeconomic model of Hobbes' 'state of nature'. Social Science Information,* 1986, *25*, 493–505.

4. Auf Empirie gegründete Modelle

Im Gegensatz zu dem zuvor vorgestellten Modell geht es nunmehr um Modelle, deren Anfangszustand aus geeigneten Messungen an einem sozialen System abgeleitet wird, sowohl auf der Ebene der Individuen als auch auf der Ebene des Systems als eines (zusammengesetzten) Ganzen. Darüber hinaus ergeben sich Verhaltens- bzw. Handlungsregeln ebenfalls aus Messungen, soweit Messungen von Einstellungen, die Verhalten oder Handlungen bedingen, überhaupt möglich sind – etwa in Form von „diskreten Entscheidungsexperimenten" (DCE)[25], aus denen abgeleitet werden kann, worauf (nutzenbasierte) Entscheidungen von Individuen beruhen. Solche Nutzen von Entscheidungsalternativen werden in Handlungswahrscheinlichkeiten umgerechnet, so dass sie in stochastischen Simulationen genutzt werden können. Zugleich ist es retrospektiv oft möglich, die Häufigkeit von Entscheidungen zu protokollieren und aus ihnen Entscheidungswahrscheinlichkeiten zu schätzen. Statt „plausibler Annahmen" gibt es nun also empirisch gestützte Annahmen, und die Ergebnisse solcher Simulationsmodelle können retrospektiv validiert werden.

Dies sei an einem Modell gezeigt, welches zu rekonstruieren versucht, wie sich im Zuge der Einführung von Koedukation an Gymnasien in Rheinland-Pfalz der Frauenanteil in den Lehrkörpern einzelner Schulen veränderte.[26] Als Eingabedaten standen offizielle Statistiken der Zahlen von Lehrerinnen und Lehrern in den Jahren 1950/51 bis 1989/1990 für zwischen 114 und 140 Gymnasien in Rheinland-Pfalz zur Verfügung, aus denen sich für jedes Schuljahr und für jede Schule der Frauenanteil und damit insgesamt die Häufigkeitsverteilung des Geschlechteranteils über alle Schulen (berechnet als $(M-W)/(M+W)$, so

25 Zur experimentellen Verhaltensökonomik vgl. z. B. Joachim Weimann, *Die Rolle von Verhaltensökonomik und experimenteller Forschung in Wirtschaftswissenschaft und Politikberatung. Perspektiven der Wirtschaftspolitik,* 2015, *16*, 231–252.

26 Margret Kraul, Klaus G. Troitzsch, Rita Wirrer, *Lehrerinnen und Lehrer an Gymnasien: Empirische Ergebnisse aus Rheinland-Pfalz und Resultate einer Simulationsstudie.* Heinz Sahner, Stefan Schwendtner (Hg.), *Kongreß der Deutschen Soziologie Halle an der Saale 1995. Kongreßband II: Berichte aus den Sektionen und Arbeitsgruppen,* Opladen 1995, 334–340; Klaus G. Troitzsch, *Using Empirical Data for Designing, Calibrating and Validating Simulation Models.* Wander Jager, Rineke Verbrugge, Andreas Flache, Gert de Roo, Lex Hoogduin, Charlotte Hemelrijk (Hg.) *Advances in Social Simulation 2015,* Cham CH 2017, *526*, 413–428; das Simulationsmodell steht unter https://doi.org/10.25937/zbdy-qg74 bzw. https://www.comses.net/codebases/7220b8df-b820-4853-a5c8-903933b04b8a/ zur Verfügung, letzter Zugriff: 22. 04. 2022.

dass –1 bedeutet, dass der Lehrkörper nur aus Frauen bestand, während +1 für ein rein männliches Lehrerkollegium steht) berechnen ließ.

Für das Handeln der für die Besetzung von Lehrerkollegien zuständigen Stellen (Ministerium, Schulbehörde, Schulleitung) gelten folgende Annahmen:

(1) Alle ausscheidenden Lehrpersonen werden landesweit zu gleichen Teilen durch Männer und Frauen ersetzt (das schreibt die Verfassung so vor);

(2) Männer verbleiben doppelt so lange im Dienst wie Frauen (das ist eine zwar vereinfachende, aber im Wesentlichen durch die Daten gedeckte Annahme);

(3) An einer einzelnen Schule wird eine Frau mit einer Wahrscheinlichkeit $P(W\xi) = \nu(t)\delta\ exp(\varkappa\xi)$ eingestellt, die vom vorhandenen Frauenanteil abhängt; diese Annahme versucht, die Besetzung einzelner freiwerdender Stellen zu fassen, indem ihre drei Parameter δ, $\varkappa$ und ν so variiert werden, dass für jedes Jahr die Häufigkeitsverteilung des simulierten Geschlechteranteils bestmöglich mit der empirischen Häufigkeitsverteilung übereinstimmt);

(4) $\varkappa = 0.5$, und $\nu(t)$ wird so gewählt, dass Annahme 1 jedenfalls für $\delta = 1$ für jedes Jahr erfüllt ist.

(5) δ beschreibt eine eventuelle Verletzung des Gleichbehandlungsprinzips (δ=1): δ<1 : Frauen werden benachteiligt, δ>1 : Männer werden benachteiligt. Und $\xi = (M-W)/(M+W)$.

Ein Vergleich der empirisch ermittelten Häufigkeitsverteilung mit ihrem simulierten Konterpart ergibt zunächst visuell eine recht gute Übereinstimmung (lediglich der lange hoch bleibende Anteil von Schulen ohne jede männliche Lehrkraft wird lange unterschätzt: die „Mauer“ am linken Rand der linken Graphik). Eine weitere Analyse, in der Jahr für Jahr die empirische Wahrscheinlichkeitsdichtefunktion mit Simulationsläufen für 20 verschiedene Werte von δ zwischen 0.6 und 1.0 verglichen wird, erlaubt es, abzuschätzen, wie groß δ in jedem einzelnen Schuljahr ungefähr war.

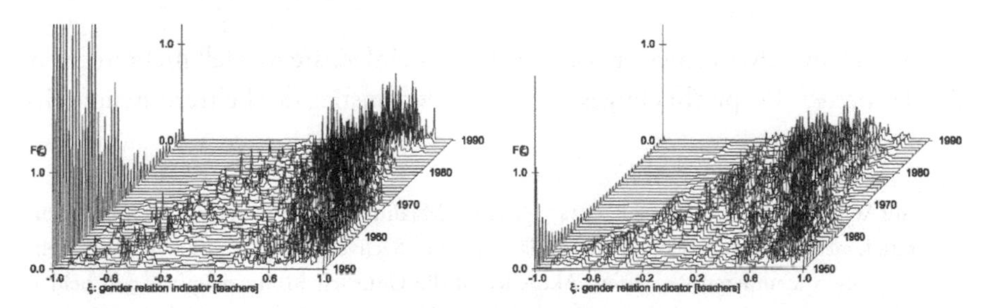

Abb. 3 Vergleich der Wahrscheinlichkeitsdichtefunktionen des Geschlechterverhältnisses im Zeitverlauf; links: empirische Daten, rechts Simulation.

Die empirische und die jeweils beste simulierte Häufigkeitsverteilung unterscheiden sich nach dem Kolmogorov-Smirnov-Test nicht signifikant. Zeigt für jedes Jahr das δ aus dem jeweils besten Simulationslauf (rot, Einzelwerte und geglättet) sowie die Kolmogorov-Smirnov-Distanz ϑ, die den Schwellenwert 0.157 für p=0.05 in jedem Jahr deutlich unterschreitet. Infolgedessen muss die Nullhypothese, dass beide, empirische und simulierte Verteilung, jeweils gleich sind, nicht zurückgewiesen werden. Damit kann das Modell sogar benutzt werden, um die Funktion $\delta(t)$ zu messen. Das wirft die interessante Frage auf, warum δ über 30 Jahre lang ungefähr 0.9 betragen hat und dann Mitte der 1980er Jahre auf 0.66 fiel.

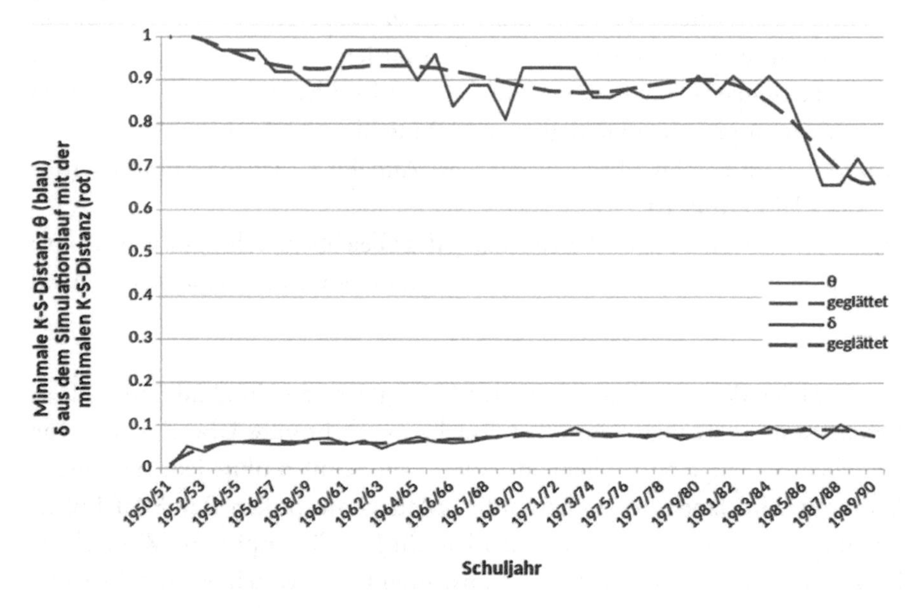

Abb. 4 Vergleich der Verteilungen des empirischen Geschlechterverhältnisses mit dem Ergebnis des besten Simulationslaufs, nach Jahren.

Trotz Ockhams „Rasiermesser“ ist nämlich das einfachste Modell nicht notwendig das Beste[27]. Es spricht einiges dafür, dass der Anstieg des Lehrerinnenanteils

27 Auf William von Occam, ~1287–1347, geht die Maxime zurück, man solle, wenn es mehrere konkurrierende Theorien zur Erklärung eines Sachverhalts gibt, die einfachste nehmen und die anderen verwerfen. Aktueller ist die Unterscheidung zwischen den beiden Maximen "Keep it simple, stupid" (KISS) und "Keep it descriptive, stupid" (KIDS), z. B. erläutert von Bruce Edmonds und Scott Moss, From KISS to KIDS – an 'anti-simplistic' modeling approach. In: Paul Davidsson, Brian Logan, Keiki Takadama (Hg.), *Multi-Agent*

in den meisten Gymnasien ab Mitte der 1980er Jahre darauf zurückzuführen war, dass sich die Koedukation fast überall durchgesetzt hatte, weil angesichts der steigenden Bildungsbeteiligung von Mädchen die Erhaltung und vor allem Schaffung von parallelen Mädchengymnasien vor allem in ländlichen Regionen nicht mehr ökonomisch war, so dass die verfügbaren Lehrerinnen nun auch in koedukativen Gymnasien eingesetzt wurden, aber zunächst nicht ausreichten, um alle offenen Stellen gleichermaßen mit Männern und Frauen zu besetzen.

5. Eine aktuellere Simulation: noch ein Epidemiemodell

Epidemien werden seit langem mit mehreren Varianten eines Systems von Differentialgleichungen modelliert, die mehrere Variablen einer Population miteinander koppeln: den Anteil der noch Gesunden (Suszeptiblen, *S*), den Anteil der Infizierten (*I*) und den Anteil der Genesenen (*R*). Dieses SIR-Modell lässt sich leicht um weitere Variablen – Anteile der asymptomatisch Infektiösen, der Hospitalisierten, der Verstorbenen – ergänzen. Ein solches Modell unterstellt, dass die Zustandsänderungen aller Individuen einer Population – ungeachtet ihrer räumlichen Verteilung und ihrer Lebensgewohnheiten – nach einheitlichem Muster erfolgen. Für viele Epidemien mag ein solches Modell ausreichen, etwa wenn sie räumlich begrenzt bleiben, die Kontaktmöglichkeiten zwischen Individuen einigermaßen einheitlich sind und – vor allem – wenn sich die Epidemie auf eine einzige Welle beschränkt.

Realistischer indessen ist es, einen individuenbasierten Ansatz zu versuchen (wie dies im Verlauf der Covid-19-Pandemie von vielen Arbeitsgruppen unternommen worden ist). Das führt zu einem agentenbasierten Modell, in dem einzelne Agenten einander begegnen, einander anstecken, krank werden, genesen oder sterben. Das hier vorzustellende Modell[28] ist zusätzlich ereignisorientiert, d. h., Ereignisse wie Begegnung, Ansteckung oder Genesung geschehen nicht in festen Zeittakten, sondern alle solchen Ereignisse finden in Zeitabständen statt, die einer Zufallsverteilung genügen. Im Einzelnen bedeutet dies: ein

and Multi-Agent-Based Simulation (Joint Workshop MABS 2004), Berlin, Heidelberg 2005, 130–144.

28 Das Modell ist noch nicht veröffentlicht. Vorläufige Versionen sowohl des lauffähigen Modells als auch einer ausführlichen Beschreibung mit zahlreichen weiteren Literaturhinweisen können von https://doi.org/10.25937/7vkh-tt08, letzter Zugriff: 26. 04. 2022, heruntergeladen werden. Auch künftige Versionen werden dort verfügbar sein.

Zufallszahlengenerator weist jedem Agenten einen Zeitpunkt zu, zu dem er seinen Platz in der Topographie ändert; trifft er dort auf einen infizierten und bereits infektiösen Agenten, so wird er mit einer gewissen Wahrscheinlichkeit selbst infiziert und nach einem ebenfalls zufällig gewählten Zeitintervall auch infektiös, mit einer gewissen Wahrscheinlichkeit zeigt er nach einem wiederum zufällig gewählten Zeitintervall Symptome, wird gegebenenfalls hospitalisiert und am Ende genesen oder – mit einer geringen Wahrscheinlichkeit – sterben. Einige dieser Parameter lassen sich empirisch bestimmen – am ehesten und am genauesten der Anteil derer, die die Krankheit nicht überleben, die Parameter aller anderen Zustandsübergänge sind empirisch wesentlich weniger zugänglich, können aber mittels verschiedener Verfahren geschätzt werden. Dabei kann ein Simulationsmodell wie das hier vorgestellte ebenso hilfreich sein wie die eine oder andere Variante des oben erwähnten SIR-Modells.

In diesem Modell haben die Agenten unterschiedliche Risikoniveaus, die abhängig sind von ihrer (als konstant angenommenen) Geselligkeit und Sorglosigkeit, zusätzlich aber auch von ihrer konkreten Gefahr, infiziert zu werden: Im Simulationsmodell können die Agenten durch Wahrnehmungen in ihrer Umgebung abschätzen, wie sich die Infektionslage lokal darstellt, globale Daten sind ihnen ebenfalls zugänglich; sie wissen allerdings – wie in der Realität – vor einer eventuell erfolgten Ansteckung nicht, ob der Agent, mit dem sie in geringer Entfernung zusammentreffen, infektiös ist oder nicht. Die beiden konstanten Eigenschaften beeinflussen die Bewegungen der Agenten ebenso wie die zu jedem Zeitpunkt für jeden Agenten unterschiedliche akute Gefahr, infiziert zu werden.

Zusätzlich – und das unterscheidet dieses Modell von den meisten anderen bisher veröffentlichten – können die Agenten über Maskenpflicht und über die Pflicht, wenn immer möglich zu Hause zu bleiben, kommunizieren, indem sie einander darauf hinweisen, dass sie gesellschaftliche Normen befolgen sollen (das Entstehen solcher Normen steht hier nicht im Fokus des Modells). Die Botschaften, die sie einander zusenden, beziehen sich aus der Sicht der um die gesundheitlichen Folgen der Pandemie Besorgten auf die Normen „Maske tragen!“ und „zu Hause bleiben!“ und aus der Sicht der um die politischen Folgen der Pandemiebekämpfung Besorgten auf die Normen „frei atmen!“ und „das Leben genießen!“

Die Topographie der virtuellen Welt, in der sich die Agenten bewegen, ist begrenzt – etwa auf das Gebiet einer Region mit 38.000 oder 70.000 Einwohnern, vergleichbar also einem der kleineren deutschen Landkreise oder Schweizer Kantone oder österreichischen Bezirke oder Staaten wie Liechtenstein oder Andorra, und die Bevölkerung verteilt sich auf die Fläche ähnlich wie in einer dieser Regionen, so dass die statistische Verteilung des Abstands zwischen zwei Wohnorten oder Arbeitsplätzen realistisch ist. Unterschiedliche Simulationsläufe können dabei unterschiedliche Topographien und Bevölkerungszahlen haben.

Die Agenten können nacheinander die Zustände suszeptibel, infiziert, infektiös, krank, genesen, immun und – mit geringer Wahrscheinlichkeit – tot annehmen; zum Startzeitpunkt gibt es einen Infizierten. Genau dies führt allerdings dazu, dass es nur eine Welle gibt, deswegen ist es im Modell möglich und offenbar zweckmäßig, weitere Infektionsmöglichkeiten von außerhalb der virtuellen Welt vorzusehen, indem zu zufälligen Zeitpunkten einige Agenten erkranken und infektiös werden, als wären sie von einer Reise außerhalb der begrenzten virtuellen Welt zurückgekehrt, von wo sie ihre Ansteckung mitgebracht haben.

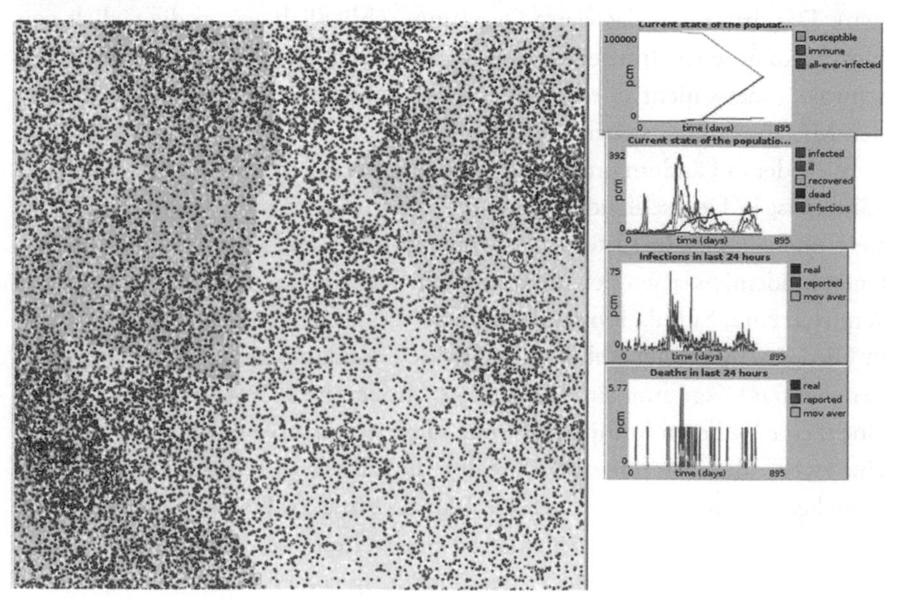

Abb. 5 Ausschnitt aus der Benutzungsoberfläche des Epidemiemodells (Erläuterungen im Text).

Abbildung 5 zeigt einen Ausschnitt aus der Benutzungsoberfläche des Modells mit der virtuellen Welt und vier Diagrammen gegen Ende eines zwei simulierte Jahre umfassenden Simulationslaufs, in dem gegen Ende des ersten Jahres mit Impfungen begonnen wird. Die virtuelle Welt besteht aus 13 kleinen Regionen (Stadtbezirke, Dörfer; die kleinen Kreise dienen einer realistischen Verteilung der Agenten innerhalb der Dörfer), die unterschiedlich eingefärbt sind.

Die Agenten sind als Punkte dargestellt, weiß sind die noch nicht infizierten, grün die immunen (hier überwiegend geimpfte). Kranke, Infektiöse und Verstorbene sind als violette oder rote Pfeile bzw. als schwarze Kreuze dargestellt. Da die Pandemie am Ende der Simulation im Herbst des zweiten Jahres zum Erliegen gekommen ist (anders als in dem in Abbildung 5 dargestellten Simulationslauf), gibt es nur ein paar Kranke im Norden und ein paar Infektiöse im Nordwesten; die letzteren befinden sich indessen inmitten von immunen Agenten, so dass sie keinen Schaden mehr anrichten. Das oberste Diagramm zeigt vor allem die zeitliche Entwicklung der drei Variablen Suszeptible, jemals Infizierte und Immune, jeweils bezogen auf 100.000 Einwohner (pcm, per cent mille). Das nächste Diagramm zeigt die Gesamtzahl der Infizierten, Kranken, Genesenen, Verstorbenen und Infektiösen für jeden einzelnen simulierten Tag (nur die schwarze Kurve steigt monoton, weil der Zustand „verstorben" ja irreversibel ist, während die anderen Zustände wieder verlassen werden können). Das dritte und das vierte Diagramm schließlich zeigen die täglich neu hinzugekommenen Infizierten bzw. Verstorbenen (rot am Tag der Meldung, schwarz – meist nicht zu erkennen – am Tag des Ereignisses) und den gleitenden Mittelwert über sieben Tage (blau).

Viele der in Ländern und Regionen – zum Vergleich wurden alle Stadt- und Landkreise in Deutschland, alle Schweizer Kantone, das Fürstentum Liechtenstein und alle Bezirke Österreichs herangezogen – sehr unterschiedlich verlaufenen Epidemien lassen sich mit dem Modell replizieren. Ein Beispiel für einen Vergleich eines Simulationslaufs mit dem Verlauf der Epidemie in einer Stadt in Niedersachsen zeigt Abbildung 6. Beide Diagramme – das linke entspricht dem dritten Diagramm aus Abbildung 5, "infections in last 24 hours" – zeigen eine kleine Welle im Frühjahr des ersten Jahres, sodann eine längere Pause, der eine zweite, deutlich höhere Welle folgt, die schnell ansteigt und etwas sanfter zurückgeht und dann über mehrere Monate ausläuft, bis schließlich im Spätsommer und Herbst des zweiten Jahres eine weitere, weniger hohe Welle folgt. Der empirische Verlauf endet in der Abbildung vorerst am 8. Dezember 2021 (der weitere Verlauf konnte für diesen Beitrag nicht berücksichtigt werden), während sich in der Simulation die letzte Welle bis zum Ende des zweiten Jahres fortsetzt (an dem auch der Simulationslauf endete). Im dargestellten Simulationslauf erreichte die Impfkampagne rund die Hälfte der Agenten innerhalb eines Jahres; Simulationsläufe, in denen die Impfkampagne schneller oder langsamer verläuft, zeigen – je nach dem simulierten Impffortschritt – entsprechend schwächere Verläufe schon im Frühjahr des zweiten Jahres oder stärkere bis zum Ende des zweiten Jahres.

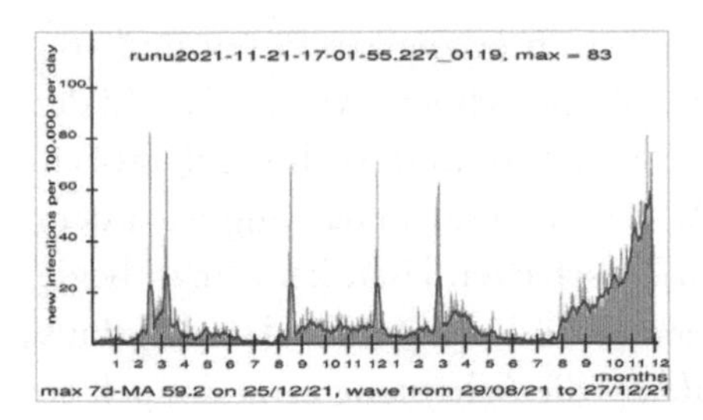

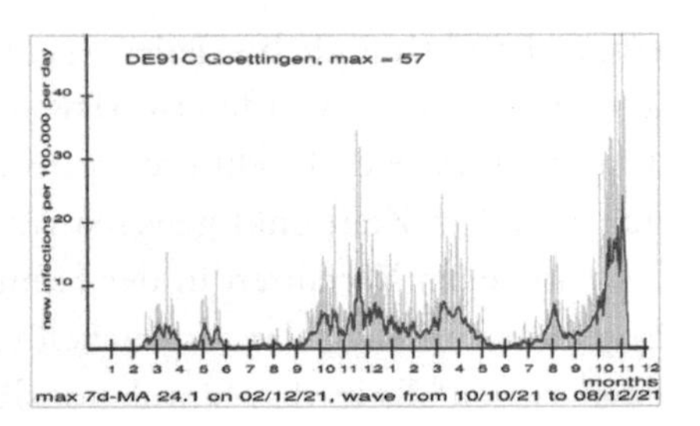

Abb. 6 Vergleich eines Simulationslauf mit einem ähnlichen Verlauf in Göttingen.

Aber es wäre voreilig, Parameterkombinationen replizierender Simulationsläufe als Messergebnisse des empirisch nicht Messbaren zu nehmen – dazu hat das Modell im Vergleich zum Koeduktationsmodell zu viele Parameter, es folgt also eher dem KIDS- als dem KISS-Prinzip (vgl. Fußnote 27).

Gleichwohl kann das Modell dazu benutzt werden, Verfahren zur empirischen Schätzung von Parametern einer realen Pandemie zu beurteilen. Anfangs der Pandemie spielte zum Beispiel die Schätzung der Reproduktionszahl R_0 aus mehr oder weniger aktuellen Zahlen neu Infizierter eine große Rolle in der öffentlichen Berichterstattung in Deutschland. Diese Schätzung verwendete die Formel $R_0 = I_{mt}/I_{m(t-n)}$ mit I_{mt} als dem gleitenden Mittelwert der täglichen Neuinfektionen über m Tage am Tage t gemessen und $I_{m(t-n)}$ als dem gleitenden Mittelwert der täglichen Neuinfektionen über m Tage n Tage vor t, wobei für m und n meistens 7 (allenfalls auch $n = 4$) verwendet wird.[29] Diese Formel ist zuverlässig unter der Annahme, dass jeder Infektiöse genau R_0 Gesunde infiziert. Genau dies kann aber nicht der Fall sein (oder allenfalls für ganzzahlige R_0). Vielmehr kann die Formel nur im Mittel gelten: Jeder Infektiöse infiziert im Mittel R_0 andere. Es leuchtet aber schnell ein, dass es einen Unterschied macht, ob von 100 Infektiösen jeder genau einen anderen infiziert – $R_0 = 1$ – oder ob von diesen 100 genau einer 70 andere infiziert, 30 weitere genau einen und die übrigen 69 niemanden – auch dies ergibt $R_0 = 1$ -, allerdings mit einem ganz anderen Einfluss auf das weitere Infektionsgeschehen, weil in der Umgebung der 69 anderen die Infektion zunächst nicht fortschreitet, während in der Umgebung dessen, der 70 infiziert hat, die Epidemie einen entscheidenden Auftrieb bekommt. Da in der Simulation – anders als in der Realität, dort ist die Kontaktnachverfolgung nur sehr

29 Das Schätzverfahren für *Ro* ist beschrieben in Matthias an der Heiden, Osamah Hamouda, *Schätzung der aktuellen Entwicklung der SARS-CoV-2-Epidemie in Deutschland – Nowcasting. Epidemiologisches Bulletin* 2020, 10–16.

eingeschränkt möglich – jeder Agent weiß, wen er angesteckt hat und von wem er angesteckt worden ist, lässt sich exakt berechnen, wie die Anzahl der „Opfer" eines jeden Infektiösen statistisch verteilt ist und wie hoch R_0 tatsächlich zu jedem Zeitpunkt gewesen ist; da sich auch die Schätzung nach dem beschriebenen Verfahren in der Simulation schätzen lässt, kann man beide Ergebnisse miteinander vergleichen (siehe Abbildung 4), mit dem Ergebnis, dass – jedenfalls in den Simulationsläufen – die Schätzung etwa doppelt so hoch ausfällt wie der wahre Wert.

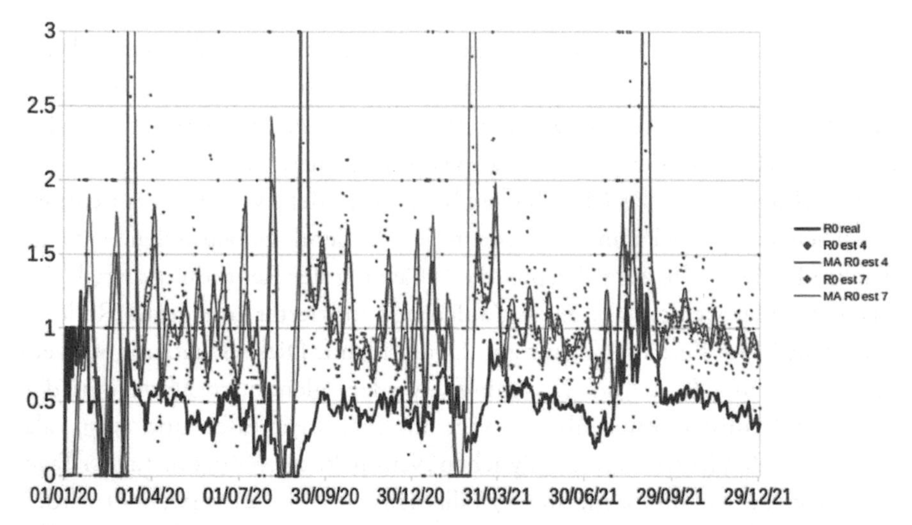

Abb. 7 Vergleich der wahren Reproduktionszahl (blau) in einem Simulationslauf mit der Schätzung nach zwei verschiedenen Verfahren (gelb und rot, tageweise und geglättet).

6. Policy Modelling

Das hier vorgestellte Epidemiemodell kann als ein kleines Beispiel aus dem Bereich des Policy Modelling gelten, auch wenn hinter ihm keine große Gruppe von Domänen- und Simulationsexpertinnen und -experten gestanden hat, wie das im Policy Modelling allgemein üblich und zu fordern ist. Da werden mehr oder weniger gesicherte Erkenntnisse von Stakeholdern über einen Politikbereich als Simulationsmodell programmiert, die Ergebnisse werden von diesen oder auch von anderen Stakeholdern geprüft, das Modell wird gegebenenfalls angepasst, und nach der Konsolidierung des Modells werden seine Ergebnisse genutzt, um politische Maßnahmen umzusetzen. Für die Übersetzung der Vermutungen, Annahmen und Erkenntnisse politischer Akteure in ein

Simulationsmodell ist es zweckmäßig, auch hier Software-Unterstützung zu suchen, wie das in der Geschichte der partizipativen Modellierung vielfach geschehen ist.[30]

Eine über die Ansätze 1990er und 2000er Jahre hinausgehende Modellierungsstrategie hat ein Projekt unter dem Titel Open COllaboration for POlicy Modelling (OCOPOMO)[31] entwickelt. Ihr Kern ist eine aus den natürlichsprachlich formulierten Annahmen von Domänenexpertinnen und -experten extrahierte und sprachlich standardisierte „konsolidierte konzeptuelle Beschreibung" (consolidated conceptual description, CCD). Diese wird in ein Simulationsmodell umgesetzt, welches alle möglichen Schlussfolgerungen aus den Annahmen zieht und sie in Textform den Domänenexpertinnen und -experten wieder zur Verfügung stellt. Diese können dann die Modellausgabe auf ihre Plausibilität prüfen. Sofern sie das vorgelegte Ergebnis für unplausibel halten, lässt sich jedes Einzelergebnis zu den Annahmen zurückverfolgen, die es bedingt haben, so dass geprüft werden kann, ob es in der Umsetzung der konsolidierten konzeptuellen Beschreibung in das Simulationsmodell oder bei der Standardisierung einzelner ihrer natürlichsprachig formulierten Annahmen einen Fehler gegeben hat oder ob gar eine der ursprünglichen Annahmen fehlerhaft war. Diese Rückverfolgungsmöglichkeit[32] – die innerhalb von Entwicklungsumgebungen für Softwarepakete schon lange bekannt ist – auf den gesamten Prozess unter Einschluss der Kommunikation zwischen Experten in natürlicher Sprache ausdehnen zu können, ist ein besonders wichtiger Ertrag des OCOPOMO-Projekts, der ohne Computerunterstützung überhaupt nicht geleistet werden könnte.

---

30 Für einen Überblick siehe Olivier Barreteau, Peter Bots, Katherine Daniell, Michel Etienne, Pascal Perez, Cécile Barnaud, Didies Bazile, Nicolas Becu, Jean-Christoph Castella, William's Daré, Guy Trebuil, *Participatory Approaches*. In: Bruce Edmonds, Ruth Meyer (Hg.), *Simulating Social Complexity, Understanding Complex Systems Series, 2nd ed.* Cham 2017, ch. 12, 253–292; Ana Maria Ramanath, Nigel Gilbert, *The Design of Participatory Agent-Based Social Simulations. Journal of Artificial Societies and Social Simulation,* 2004, 7 (4) 1.

31 Maria A. Wimmer, Karol Furdik, Melanie Bicking, Marian Mach, Tomas Sabol, Peter Butka, *Open Collaboration in Policy Development: Concept and Architecture to integrate scenario development and formal policy modelling.* In Yannis Charalabidis, Sotirios Koussouris (Hg.): *Empowering Open and Collaborative Governance.* Berlin / Heidelberg, 2012.

32 Ulf Lotzmann, Maria A. Wimmer, *Provenance and Traceability.* In: Philip Geril (Hg.), *Agent-based Policy Simulation. Proceedings of 26th European Simulation and Modelling Conference – ESM'2012, October 22–24, 2012, Essen, Germany,* 2012.

7. Was Simulation kann und was sie nicht kann

Simulationsmodelle können in den Sozialwissenschaften helfen, zu „verstehen" und in einem geeigneten Symbolsystem zu erklären, wie ein soziales System entsteht und wie es sich weiterentwickelt – ganz im Sinne der eingangs erwähnten Maxime von Epstein und Axtell: "Can you explain it? = Can you grow it?", d. h., etwas erklären zu wollen bedingt, es entstehen lassen zu können. Darüber hinaus ist es möglich, vorherzusagen, was in einem so verstandenen und modellierten sozialen System demnächst unter gleichbleibenden oder von außen veränderten Gegebenheiten geschehen könnte. Dies ist aber selbst unter den günstigsten Bedingungen niemals eine präzise quantitative Vorhersage. Wie überall ist es natürlich auch in den Sozialwissenschaften möglich, auch mit einem falschen Modell annähernd zutreffende Vorhersagen zu machen und damit Vergangenes scheinbar zu „erklären" – wie zum Beispiel Mond- und Sonnenfinsternisse mit dem ptolemäischen Weltbild schon sehr früh in der Wissenschaftsgeschichte[33] recht präzise vorhergesagt werden konnten, obwohl sie auf einem Modell des Planetensystems beruhten, dass seit Kopernikus und Kepler als falsch gelten muss. Aber auch mit einem validen Modell wird man allenfalls ein Konfidenzintervall angeben können, in dem ein zukünftiger Zustand liegen könnte, und das auch nur, wenn all die parametrisierten Annahmen über das reale Zielsystem, die in das Modell eingegangen sind, bis zum Prognosehorizont unverändert bleiben. Und gerade dies ist bei Modellen aus der Sozialwissenschaft nicht zu erwarten, weil – anders als bei mathematischen oder Simulationsmodellen aus der klassischen Physik oder auch der Biologie – immer damit gerechnet werden muss, dass Menschen solche Vorhersagen nutzen, um zu erreichen, dass das Vorhergesagte gerade nicht eintrifft. Der eingangs erwähnte Bericht über die Grenzen des Wachstums (siehe Fußnote 2) wurde zwei Jahrzehnte später von einem neuen Bericht[34] abgelöst, der im Vorwort der Autoren (S. 11) festhält: Die Menschen ... „erforschten und verbesserten die Nutzung der Energie, entwickelten neue Materialien, gewaltfreies Konflikt-Management, neuartige basisdemokratische Formen kommunaler Entwicklung, Methoden der Schadstoffverhütung in Fabriken und zum Abfall-Recycling in den Städten, sie schufen ökologisch verträgliche Anbauformen in der Landwirtschaft und setzten

33 Durchaus schon im achten Jahrhundert vor unserer Zeitrechung, siehe Joseph M. Steele, *Observations and Predictions of Eclipse Times by Early Astronomers. Dordrecht* 2000.

34 Donnella und Dennis Meadows, Jørgen Randers, *Die neuen Grenzen des Wachstums. Die Lage der Menschheit: Bericht und Zukunftschancen.* Stuttgart 1992.

internationale Vereinbarungen zum Schutz der Ozonschicht durch" – kurz: es wurden vielfältige Versuche unternommen, um die zwanzig Jahre alten Vorhersagen nicht eintreten zu lassen. Gleichwohl kommt auch das überarbeitete Modell zum Ergebnis, dass die alten Schlussfolgerungen „noch immer gültig sind. Freilich müssen sie jetzt entschiedener formuliert werden." Die Autorengruppe formuliert sie allerdings nicht als „Vorhersage, sondern [als] eine an Bedingungen gebundene Warnung" (S. 13).

Gerade auch im Bereich des Policy Modelling kann – nach den Erfahrungen mit den Weltmodellen der jüngeren Vergangenheit und mit vielen anderen lokalen und globalen Modellen – nicht erwartet werden, dass Modelle zur Vorhersage taugen. Vielmehr können sie gerade einmal alternative Zukünfte beschreiben, die unter bestimmten Bedingungen eintreten können, wenn es gelingt, eben diese Bedingungen auch zu realisieren.

Modellbildung und Simulation in der Archäologie

Elisabeth Trinkl

Wenn man von Simulationen und Modellrechnungen hört, handelt es sich zumeist um zukünftige Ereignisse – wo können hier die Altertumswissenschaften verortet werden, die sich doch mit lang vergangenen, in unserem Fall sogar mit untergegangenen Kulturen beschäftigen. Wenn wir uns im Folgenden überwiegend auf die klassische Archäologie als Teildisziplin der Altertumswissenschaften beschränken, so konzentrieren wir uns auf die alten Kulturen der Mittelmeergebiete und deren Nachbarregionen, überwiegend auf die materielle Hinterlassenschaft der griechischen und römischen Kultur in der Zeit zwischen 900 v. Chr. und 500 n. Chr. Die beschriebenen Prozesse und Methoden haben in der archäologischen Forschung anderer Regionen und Epochen ebenso ihre Gültigkeit.

Die Parallelen bei der Analyse von Zukünftigem und Vergangenem liegen meines Erachtens auf der Hand: Aus einem Stückwerk, aus bekannten Fragmenten, soll ein Ganzes gebaut bzw. vorgeschlagen werden, das einen besseren Eindruck vermittelt, als wenn man nur die bekannten bzw. existierenden Einzelteile betrachtet. Dabei bleibt, und das ist nicht nur bei der Prognose zukünftiger Ereignisse so, ein gewisses Maß an Unsicherheit bestehen; Unbekanntes wird nach bestem Wissen und Gewissen modelliert, ein vermeintliches Ganzes simuliert. Kann eine solche Simulation, die auf fragmentiertem Datenmaterial aufbaut, einen Mehrwert haben und einen wissenschaftlichen Erkenntnisgewinn darstellen?

Im Folgenden wird anhand ausgewählter Beispiele gezeigt, in welchem Rahmen sich die Altertumswissenschaften, insbesondere die klassische Archäologie, Modellbildungen und Simulationen bedienen und inwiefern die Digitalisierung hier großes Potential auch für die Weiterentwicklung der Fächer bietet. Dabei ist nicht nur der Modellbegriff selbst vielschichtig, auch die Abgrenzung von Modell zu Simulation erscheint oft schwierig, der Übergang manchmal sogar fließend. Gemeinsam ist ihnen jedoch, dass es sich um eine Veranschaulichung bzw. Visualisierung komplexer Zusammenhänge handelt.

1. Modelle in der Antike

Modelle, wenngleich auch unter anderen Namen, begegnen uns bereits in der Antike, jedoch mehrheitlich in anderen Lebensbereichen als heute: Philosophen bauen ihre Theorien auf gedanklichen Modellen auf, die ihrerseits modellhaftes Verhalten charakterisieren und zeitgenössische Gesellschaften prägen sollen[1]. Bereits lange vor der Ausprägung der philosophischen Denkschulen ist es in erster Linie die Mythologie, die Erklärungen gibt und modellhaftes Verhalten beschreibt. Neben der sprachlichen Tradierung selbst, mündlich oder schriftlich, stehen zahlreiche bildliche Darstellungen, die mythologische Szenen visualisieren und somit die Modellbildung in gewisser Weise neu aufladen[2]. Unter den vielen Darstellungen sei hier eine etwa 440/430 v. Chr. geschaffene Pyxis herausgegriffen; sowohl Deckel als auch Gefäßkörper sind mit figürlichen Szenen dekoriert[3]. Auf dem Gefäßkörper ist ein Hochzeitszug abgebildet, auf dem Deckel werden Helios/Sonne, Nyx/Nacht und Selene/Mond personifiziert dargestellt. Die Personifikationen – im Wagen fahrend oder reitend – bewegen sich auf dem Deckel ähnlich wie die Himmelskörper über den Himmel ziehen und stellen ein visualisiertes Erklärungsmodell für den Tagesablauf dar.

Neben die philosophischen und die mythologischen Erklärungsmodelle können wir noch eine weitere Materialgruppe stellen; es handelt sich um zumeist stark verkleinerte Darstellungen von Gebäuden (Abb. 2). Viele dieser Modelle aus griechischer Zeit wurden in Gräbern gefunden, sie wurden aber ebenso als Weihgaben in Heiligtümer geweiht. Alle haben sie jedoch gemeinsam, dass sie kein verkleinertes Abbild der Realität darstellen[4]. Es

1 Platons Demiurg formt die Welt unter Verwendung der formlosen Materie und der Einbringung der Ideen; Platon, Timaios.

2 K. Junker, *Griechische Mythenbilder. Eine Einführung und ihre Interpretation* (Stuttgart 2005).

3 London, British Museum Inv.-Nr. 1920,1221.1; Oxford, Beazley Archive No. 216210. Vgl. zu weiteren in dieser Art dargestellten Himmelsgötter, deren Anzahl in den letzten Jahrzehnten des 5. Jahrhunderts v. Chr. in der Nachfolge des Parthenon Ostgiebels zunimmt, D. Williams, The East Pediment of the Parthenon: *From Perikles to Nero, Bulletin of the Institute of Classical Studies*. Supplement 118 (Oxford 2013) bes. 27–37. Die Personifikationen werden durch ergänzende Darstellungen, wie Mondsichel, Sonnenscheibe oder Sterne, noch zusätzlich charakterisiert.

4 Auch in der bildlichen, vor allem auf Münzen, und literarischen Überlieferung treffen wir öfters auf Gebäude in Kleinformat; O. Benndorf, Antike Baumodelle, Jahreshefte des Österreichischen Archäologischen Instituts 5, 1902, 175–195.

Abb. 1 Attisch rotfigurige Pyxis. London, British Museum Inv.-Nr. 1920,1221.1 (440/430 v. Chr.). a. Seitenansicht; b. Draufsicht auf den Deckel; c. Abrollung.

handelt sich also nicht zwangsläufig um ein Abbild eines konkreten Gebäudes *en miniature*, es ist eher als „Symbolbild" zu verstehen. Verschiedene Bauelemente werden im Modell zusammengefügt. Sie sind einzeln an unterschiedlichen Gebäuden zwar belegt, es muss aber nicht zwingend ein Gebäude genau dieser Form als Vorbild gedient haben – es sind also keine getreuen Wiedergaben realer Bauten. Es sind also keine Modelle im modernen Sinn des Wortes, denn sie sind nicht maßstabhaltig, und sie stellen zumeist auch nicht das Vorbild für ein in der Realität umzusetzendes Bauvorhaben dar[5]. Nichtsdestotrotz geben diese Modelle der archäologischen Forschung einen

5 Zu den unterschiedlichen Architekturmodellen aus verschiedenen Epochen des Altertums und aus unterschiedlichen Regionen s. B. Muller (Hrsg.), *„Maquettes architecturales" de l'antiquité*. Actes du Colloque de Strasbourg, 3–5 décembre 1998 (Paris 2001).

guten Einblick in die aufgehende Architektur[6], die ja nur in seltenen Fällen erhalten geblieben ist.

Abb. 2 Hausmodell aus dem Heiligtum der Hera in Perachora. Athen, Nationalmuseum Inv.-Nr. 16684 (um 750 v. Chr.).

Erst aus der römischen Kaiserzeit sind vereinzelt Modelle belegt, die als echte Vorbilder angesprochen werden können und deren Hauptaufgabe offenbar die Visualisierung eines Bauplanes war[7]. Außerdem sind Vorzeichnungen aus der Antike bekannt, sowohl in originaler Größe als auch in verkleinerndem Maßstab. Dabei handelt es sich überwiegend um Zeichnungen einzelner Bauglieder oder -abschnitte; sie fungierten als Vorbilder für die Produktion der entsprechenden Bauteile und waren zumeist am Bau selbst angebracht[8]. Obwohl es sich um zweidimensionale Abbildungen handelt, die stellvertretend für dreidimensionale Objekte stehen, liegt auch ihnen ein gewisser Modellcharakter, im Sinne eines Vorbilds, zu Grunde.

6 Th. Schattner, *Griechische Hausmodelle. Untersuchungen zur frühgriechischen Architektur* (Berlin 1990). – Ähnliche Hausmodelle sind nicht nur im mediterranen Raum, sondern in nahezu allen Kulturen belegt, z. B. J. Pillsbury, P. Sarro, J. Doyle, J. Wiersema. *Design for Eternity: Architectural Models from the Ancient Americas* (New York 2015).

7 M. Wilson Jones, *Principles of Roman architecture* (New Haven 2000) 55 f. Abb. 3.8–11; R. Taylor, Roman Builders. *A Study in Architectural Process* (Cambridge 2003) 27–36.

8 J. Capelle, *Ancient Blueprints: New Prospects in Light of Recent Discoveries*, in: Ph. Sapirstein – D. Scahill (Hrsg.), New Directions and Paradigms for the Study of Greek Architecture (Boston 2020) 56–73.

Dies gilt ebenso für unser nächstes antikes Beispiel. Östlich an die Kaiserfora in Rom schließt eine Platzanlage an, das Templum Pacis, das wir im Folgenden „besuchen". Die nach dem neronischen Stadtbrand von Vespasian errichtete Platzanlage wurde nach einem abermaligen Brand unter Septimius Severus (reg. 193–211) neu errichtet. In einem Innenraum war ein aus 150 Marmorplatten bestehender Stadtplan von Rom angebracht[9], die Forma Urbis Romae, etwa 13 m hoch und 18 m breit (Abb. 3a).

Abb. 3 a. Rekonstruktionszeichnung der Forma Urbis Romae im Templum Pacis; b. Fragment 15c (VII-10) der Forma Urbis Romae mit der tlw. erhaltenen Darstellung des Templum Pacis.

Die Fragmente (Abb. 3b) dieses marmornen Stadtplans regten früh ein Digitalisierungsprojekt an, das Stanford Digital Forma Urbis Romae Project[10], das von 2002 bis 2016 lief. In diesem Projekt wurden alle Fragmente gescannt, die Daten öffentlich zur Verfügung gestellt und eine digital unterstützte Suche nach Anpassungen durchgeführt.

Wenn auch die exakte Verwendung des Marmorplans nicht völlig geklärt ist, wird aus den erhaltenen Fragmenten deutlich, dass es sich um eine Landkarte

9 R. Lanciani – L. Salomone – U. Hoelpi, *Forma Urbis Romae* (Mailand 1893–1901); zum Forum Pacis s. R. Meneghini, Die Kaiserforen Roms (Darmstadt 2015) 49–67. Für der Forma Urbis Romae ähnliche Beispiele s. M. Wilson Jones a. O. 51 f.

10 Das Stanford Digital Forma Urbis Romae Project stellt in vorbildlicher Weise die Daten inklusive Metadaten zur Verfügung und versieht alle Abbildungen auch mit reichen archäologischen Kommentaren; https://formaurbis.stanford.edu, letzter Zugriff: 30. 11. 2021.

bzw. einen Stadtplan im eigentlichen Sinn handelt. Die römische Topographie ist, wenngleich schematisch, in einem exakten Maßstab (1:240) wiedergegeben. Die Forma Urbis Romae bildet den zeitgenössischen Zustand von Rom im Plan ab, also am Beginn des 3. Jahrhunderts n. Chr.[11] Auch hier bleibt die Darstellung zwar zweidimensional, der Modellcharakter ist aber auf Grund der Maßstabhaltigkeit gegeben.

2. Modelle in der Neuzeit[12]

Das eigentliche Architekturmodell scheint eine „<Erfindung> der frühen Renaissance" zu sein, wie es A. Lepik[13] formuliert. Neben die erhaltenen Modelle sind die christlichen sogenannten Stifterbilder zu stellen, in denen gestiftete Bauwerke als Architekturmodelle im Bild selbst dargestellt werden[14].

Im 18. und 19. Jahrhundert erfreute sich die sog. Grand Tour bei jungen Adeligen und beim Bildungsbürgertum großer Beliebtheit. In dieser „großen Reise" wurden anfangs die kulturellen Stätten Italiens, insbesondere Rom[15], inklusive entsprechender archäologisch relevanter Orte und Plätze besucht; zunehmend wurde das Programm auf Griechenland und andere Länder rund um das Mittelmeer ausgedehnt. Von diesen Reisen brachte man nicht nur Altertümer, zum Teil sogar selbst ausgegrabene, sondern auch Kopien und Nachbildungen antiker Objekte und Gebäude mit[16]. So partizipierten durch den Erwerb

11 Auf Grund der im Stadtplan selbst verzeichneten Monumente kann die Anfertigung des Plans zwischen 203 und 211 n. Chr. datiert werden. Der Grundriss des Anbringungsortes der Forma Urbis Romae, das Templum Pacis, ist auf den Fragmenten 15a, 15b, 15c, and 16a tlw. erhalten.

12 S. ein kurzer Überblick zu Architekturmodelle von der Frühgeschichte bis ins 20. Jahrhundert: https://www.architektonix.com/model-making/history-of-modeling/, letzter Zugriff: 12. 11. 2021.

13 B. Evers (Hrsg.), *Architekturmodelle der Renaissance. Die Harmonie des Bauens von Alberti bis Michelangelo* (München, New York 1995) 20.

14 Auch hier gibt es byzantinische Vorbilder, z. B. in der Agnesbasilika in Rom und in der Hagia Sophia in Istanbul: Ch. Kratzke (Hrsg.), *Mikroarchitektur im Mittelalter: ein gattungsübergreifendes Phänomen zwischen Realität und Imagination* (Leipzig 2008).

15 St. L. Dyson, *Archaeology, Ideology, and Urbanism in Rome from the Grand Tour to Berlusconi* (Cambridge 2019) 8–32.

16 Hier wurde der Grundstein der vor allem seit dem 19. Jahrhundert aufgebauten Sammlungen von Gipsen gelegt, die nicht nur architektonische Elemente, sondern vor allem Skulpturen umfassten. Diese sogenannten Gipssammlungen stellen bis heute ein wichtiges Element in

dieser Objekte indirekt auch die Daheim-Gebliebenen an dem aufkommenden Tourismus[17]. Auch dies ist prinzipiell keine Einführung der Neuzeit: von Pilgerreisen Devotionalien mitzubringen, gehört zu einem über lange Zeit geübten Brauch, der auch schon in der Antike zu greifen ist. Manche Devotionalien konnten eventuell auch dreidimensionale Nachschöpfungen von Kultbauten sein, wie es eine Interpretation der Stelle in der Apostelgeschichte nahelegt: Demetrios, der Silberschmied, stellt in Ephesos silberne Artemistempel her[18].

Abb. 4 Korkmodell des Kolosseums in Rom von Antonio Chichi, Kassel, Antikensammlung Inv.-Nr. N 109.

Unter einer großen Anzahl solcher gezielt für den Tourismus hergestellter Objekte sollen in unserem Zusammenhang exemplarisch die Korkmodelle der antiken Bauten in Rom von Antonio Chichi genannt werden[19]: Sie haben, obwohl kleinformatig, für den Baubestand des 18. Jahrhunderts hohen

der wissenschaftlichen Auseinandersetzung mit antiken Objekten dar und sind nicht nur in der archäologischen, sondern auch in der künstlerischen Ausbildung ein probates Mittel für das Erfassen der Dreidimensionalität.

17 D. Boschung – H. v. Hesberg (Hrsg.), *Antikensammlungen des europäischen Adels im 18. Jahrhundert* (Mainz 2000); I. Bignamini – C. Hornsby (Hrsg.), *Digging and dealing in eighteenth-century Rome* (New Haven 2010).

18 Apg 19, 24.

19 P. Gercke – N. Zimmermann-Elseify (Hrsg.), *Antike Bauten. Korkmodelle von Antonio Chichi 1777–1782* (Kassel 2001).

dokumentarischen Wert. Wenn auch in den Details nicht immer originalgetreu ausgeführt, sondern auf Grund des Kleinformats reduziert und etwas vereinfacht, bemühte sich der Modellbauer um Maßstabhaltigkeit. Er stellt die Monumente in ihrem ruinösen Zustand dar, zumeist ohne zu ergänzen und frei von jüngeren Zutaten. Eine gewisse Ausnahme in dieser Serie stellt das Modell des Amphitheatrum Flavium, kurz Kolosseum, dar (Abb. 4). Hier wird versucht, die Ruine mit einer Teilrekonstruktion zu verbinden und einen Einblick in die verschiedenen Geschosse zu geben. Im Modell wird das Gebäude schematisch in einzelne Abschnitte geteilt, in denen unterschiedliche Baufortschritte bzw. Erhaltungszustände dargestellt werden. Eine ähnliche Vorgangsweise finden wir später oft bei archäologischen Rekonstruktionszeichnungen des 19. und 20. Jahrhunderts.

3. Modelle in der archäologischen Forschung im 19./20. Jahrhundert

Mit dem Erstarken der archäologischen Forschung wurde auch die Beschäftigung mit antiken Monumenten und Objekten auf eine neue Basis gestellt. Bevor sich der Ausdruck des Modells in den Altertumswissenschaften etabliert hatte, sprach man insbesondere bei der Auseinandersetzung mit antiker Architektur von Rekonstruktionen[20]. Damit wurde unterschwellig suggeriert, dass man sich über alle dargestellten Details völlig im Klaren war – man stellte auf dem Papier einfach wieder zusammen, rekonstruierte.

Dies trifft jedoch in den wenigsten Fällen zu. Oft bleiben – aus verschiedenen Gründen – Unsicherheiten bei der Rekonstruktion eines Gebäudes: Es ist nicht zur Gänze ausgegraben, einzelne Bauteile fehlen oder das Gebäude ist schlichtweg in Teilen völlig zerstört. Dennoch müssen – und nicht nur für die Kulturvermittlung, sondern auch für die Dokumentation und als Basis für die wissenschaftliche Diskussion – Rekonstruktionszeichnungen angefertigt und Ergänzungsvorschläge visuell erarbeitet werden[21].

20 Zur Definition von Rekonstruktion, Modell und Simulation im Umfeld der Erforschung der Antike s. L. Scheuermann, *Simulation als Methode der Geschichtswissenschaft*, Digital Classics Online 5,2 (2019); https://doi.org/10.11588/dco.2019.2.68127, letzter Zugriff: 06.12.2021.

21 Die frühen Rekonstruktionszeichnungen sind oft stärker vom jeweiligen Zeitgeschmack als von der Materialtreue geprägt.

Die Entwicklung der archäologischen Rekonstruktionszeichnung sei hier stark verkürzt und exemplarisch an der Celsusbibliothek in Ephesos dargestellt. Die Celsusbibliothek stellt besonders bezüglich des Erhaltungszustands einen archäologischen Glücksfall dar: Es sind viele Bereiche der Mauern bis ins Obergeschoss erhalten, zahlreiche einzelne Bauglieder sind am Ort vorhanden und die Ruine liegt in einem „archäologischen Park", wodurch aktuelle Eingriffe auf ein Minimum reduziert werden können.

Bereits 1904 galt der Bau als gänzlich ausgegraben (Abb. 5a). So konnte W. Wilberg 1908 erste Rekonstruktionszeichnungen vorlegen, die vollständige Publikation des gesamten Bauwerks erfolgte aber erst 1945, mit einer 2. Auflage 1953[22]. Die detaillierte Dokumentation der vorhandenen Bauglieder floss in eine präzise Gesamtrekonstruktion der Fassade (Abb. 5b) ein. Wilberg zeichnet ein ästhetisch ansprechendes Bild, das sich durch eine entsprechende Lichtführung um die Veranschaulichung der Dreidimensionalität bemüht[23]. Der Rekonstruktionszeichnung selbst ist jedoch nicht zu entnehmen, welche Bauglieder tatsächlich vorhanden sind und welche in der Rekonstruktion ergänzt wurden, um ein vollständiges Bild zu zeichnen. Solche statischen Rekonstruktionszeichnungen müssen sich auch für einen konkreten Bauzustand entscheiden, obwohl Ein-, Um- und Zubauten bei nahezu allen, über eine längere Zeit bestehenden antiken Gebäuden nachzuweisen sind, so auch bei der Celsusbibliothek: Das zwischen 117 und 125 als Bibliothek und Grabmal errichtete Gebäude erlebte Ein- und Umbauten, Funktionsänderungen und schließlich eine Reduktion auf die Fassade, die zur Rückwand einer um 400 n. Chr. angelegten Brunnenanlage umgestaltet wurde.

Der schon angesprochene äußerst gute Erhaltungszustand der Ruine ließ an einen tatsächlichen Wiederaufbau (Anastylose) der Celsusbibliothek denken. Insbesondere von der Prunkfassade sind ca. 80 % der originalen Bausubstanz vorhanden, die in den Jahren 1973 bis 1978 wiedererrichtet wurde. Bei der nun praktisch erfolgten Rekonstruktion ist es jedoch von entscheidender Bedeutung, dass vor Baubeginn Klarheit über die fehlenden Bauglieder und über die Verbindung von antiken mit ergänzten Baugliedern herrscht. So ergibt sich eine

22 W. Wilberg, *Die Fassade der Bibliothek in Ephesus*, Jahreshefte des Österreichischen Archäologischen Instituts 11, 1908, 118–135; W. Wilberg u. a., *Die Bibliothek*, Forschungen in Ephesos 5, 1 (Wien 1953).

23 Wilberg bildet bereits zwei Ansichten nebeneinander ab, einen Aufriss und eine perspektivische Ansicht der Fassade; W. Wilberg, *Die Fassade der Bibliothek in Ephesus*, Jahreshefte des Österreichischen Archäologischen Instituts 11, 1908, 122 f. Abb. 24 f.

summarische Rekonstruktionszeichnung unter Berücksichtigung und Visualisierung des Erhaltungszustands, Materialeigenschaften und konstruktiver Informationen (Abb. 5c)[24], die in gewisser Weise ein Modell aber gleichzeitig auch eine Art Simulation darstellt, das gleichzeitig inhaltliche Unsicherheiten maßstabhaltig zu erschließen versucht.

Abb. 5 Celsusbibliothek in Ephesos; a. unmittelbar nach der Ausgrabung 1904; b. Rekonstruktionszeichnung von W. Wilberg, publiziert 1908; c. Rekonstruktionszeichnung F. Hueber, publiziert 1984.

24 F. Hueber – Volker Michael Strocka, *Die Bibliothek des Celsus. Eine Prachtfassade in Ephesos und das Problem ihrer Wiederaufrichtung*, Antike Welt 6/4, 1975, 3–14.

Zur digitalen Visualisierung dieser Unsicherheiten beginnt man heute parametrische Modelle zu verwenden. Diese digitalen Modelle sind nicht mehr statisch, sondern die einzelnen Bauglieder werden im Verhältnis zu deren Beziehung zueinander angeordnet. Dadurch können relativ unkompliziert Veränderungen im Gesamtmodell vorgenommen werden. Dies ermöglicht beispielsweise die Einarbeitung neuer Informationen in ein vermeintlich bereits fertiggestelltes Modell – hier kommt zu den räumlichen Dimensionen eine vierte Dimension, das Beziehungsverhältnis von Einzelelementen zueinander, hinzu, das wiederum aus dem Modell selbst ablesbar wird[25]. Noch größer werden die Unsicherheiten, wenn man nicht nur ein einzelnes Bauwerk, sondern eine gesamte Stadt oder Landschaft zu rekonstruieren versucht. In diesem Fall spielt die chronologische Zeitstellung noch eine größere Rolle als bei der Beschäftigung mit einem einzelnen Monument[26].

Grundlegend ist die Frage, welches Ziel mit einer Rekonstruktion verfolgt wird, wissenschaftlicher Wissensgewinn oder eine plakative, anschauliche Modellierung. Davon hängen die Wahl des Mediums und auch die Detailgenauigkeit ab. Zunehmend geht man heute von der händischen Dokumentation am Ort zu einer digitalen Dokumentation über[27], zumeist unter Einbeziehung geodätischer Daten[28]. Weiters muss abgeklärt werden, welche Daten stehen für eine Modellierung zur Verfügung und wie gesichert ist dieses Datenmaterial oder müssen zuerst neue Daten erhoben werden. Und schließlich, welcher Zeitpunkt soll abgebildet bzw. rekonstruiert werden?

Im Rahmen der faschistischen Propaganda wurde der 2000. Geburtstag von Augustus benutzt, um in der großen Ausstellung *Mostra Augustea della Romanità* (1937/38)[29] die Größe der römischen Vergangenheit zu illustrieren

---

25 Bei der Rekonstruktion der Südhalle im Heiligtum von Olympia wird beispielsweise dieser Weg beschritten Es werden im Prinzip dieselben Tools wie bei der Konstruktion eines Gebäudes verwendet; vgl. auch u. Fn. 41.

26 Vgl. unten S. 137, Abb. 8.

27 Ph. Sapirstein, *Human versus computer vision in archaeological recording*, Studies in Digital Heritage 4, 2, 2020, 134–159; https://doi.org/10.14434/sdh.v4i2.31520, letzter Zugriff: 22. 04. 2022.

28 Bei der Modellierung von Landschaften können ergänzend zu oberflächig sichtbaren bzw. ausgegrabenen Ruinen auch noch unter der Erde liegende, durch geophysikalische Prospektion detektierte Ruinen einbezogen werden. Diese Evidenzen sind – bevor eine Ausgrabung erfolgt – ausschließlich als digitale Daten vorhanden. Für großräumige Geländemodelle werden aus der Luft gewonnene Daten, sogenannte LIDAR-Daten, verwendet.

29 Allgemein zur Ausstellung s. F. Scriba, *Augustus im Schwarzhemd? Die Mostra Augustea della Romanità in Rom 1937/38* (Frankfurt 1995); A. Liberati, *La Mostra Augustea della Romanità*,

und diese als Vorbild für das zeitgenössische Italien hochzustilisieren. In der innovativ aufbereiteten Ausstellung[30] stellte ein Modell der antiken Stadt Rom eine besondere Attraktion dar. Verantwortlich für die gesamte Ausstellung und schließlich auch für dieses Modell war Italo Gismondi, der zugleich Architekt, Bauforscher und Archäologe war. Gismondi wählte einen relativ konkreten Zeitpunkt in der Geschichte Roms, der im Modell dargestellt werden sollte, die Regierungszeit von Konstantin I., 306–337 n. Chr. Das aus Gips gefertigte Modell gab die gesamte Bebauung Roms im Maßstab 1:250 wider, unbekannte Flächen wurden interpoliert und in Bekanntes eingefügt, um ein geschlossenes Stadtbild abzubilden[31]. Das Besondere an diesem Modell ist, dass neue Erkenntnisse aus der Stadtarchäologie Roms bis zum Tod von Gismondi im Jahre 1971 immer wieder im Modell umgesetzt worden sind.

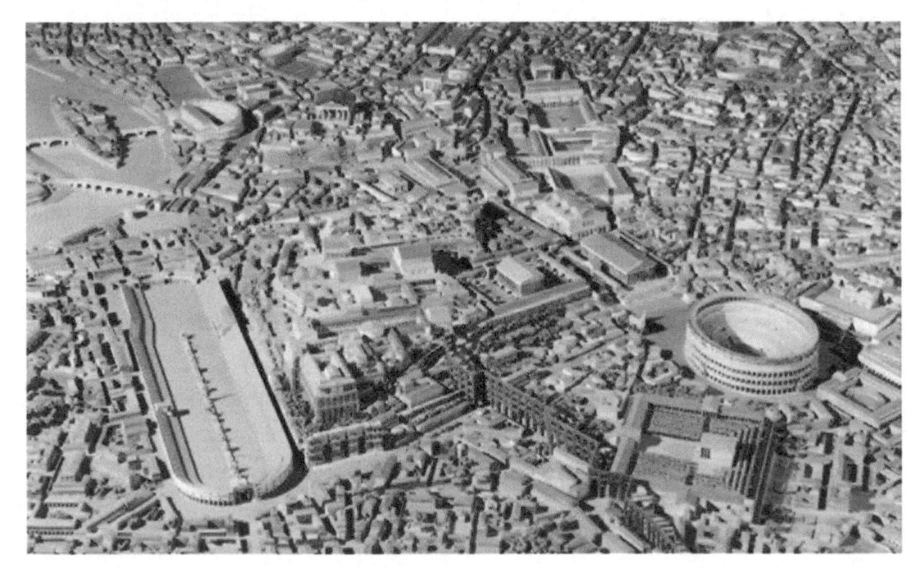

Abb. 6 Modell der Stadt Rom zur Regierungszeit von Konstantin I. Rom, Museo della Civiltà Romana.

in: Civiltà Romana: rivista pluridisciplinare di studi su Roma antica e le sue interpretazioni 6, 2019, 53–95. Zur Einbindung in das politische Geschehen s. St. L. Dyson, *Archaeology, Ideology, and Urbanism in Rome from the Grand Tour to Berlusconi* (Cambridge 2019) 185 f.

30 Neben dem Modell der gesamten antiken Stadt wurden viele weitere Modelle antiker Bauten produziert, die heute den Kernbestand des Museo della Civiltà Romana bilden.

31 Es ist wahrscheinlich kein Zufall, dass das bereits 2008 veröffentlichte „Ancient Rome 3D“-Projekt von Google Earth dieselbe Ära für ihre Visualisierung wählte; es legte sich sogar genauer auf den 21. Juni 320 fest. Auch das seit 1997 andauernde Projekt „Rome Reborn“ nimmt das Modell von Gismondi als Ausgangsbasis; http://romereborn.org, letzter Zugriff: 06. 12. 2021.

Betrachten wir im Vergleich zum Stadtmodell Roms von Gismondi die modellhafte Darstellung der Stadt Ephesos, die im Wiener Ephesosmuseum ausgestellt ist. Das aus Holz gefertigte Modell[32] bildet den Großraum Ephesos im Maßstab 1:500 nach. Es spiegelt den Stand der Erforschung der Stadt Ephesos der 70er-Jahre des 20. Jahrhunderts wider. Einzelne Areale der Stadt sind bereits relativ gut erforscht. Die Gebäude in diesen Gegenden wurden dem zeitgenössischen Wissensstand entsprechend in der dritten Dimension maßstäblich verkleinert dargestellt. In unerforschten Arealen werden nur schematisierte Höhenschichtlinien gezeigt. Dies ist zwar eine „ehrlichere" Darstellungsvariante, sie macht es jedoch schwieriger, eine dicht bebaute Stadt, die Ephesos zumindest in der römischen Kaiserzeit war, zu erkennen. Darüber hinaus gibt es in diesem Modell der Stadt Ephesos keine chronologische Integrität, Gebäude aus verschiedenen chronologischen Epochen werden nebeneinandergestellt.

Abb. 7 Modell der Stadt Ephesos. Wien, Ephesosmuseum.

4. Archäologische Modelle und Simulationen im 21. Jahrhundert

Wo kommen in den Altertumswissenschaften Modelle und Simulationen in der aktuellen Forschung zum Einsatz? Ich möchte Ihnen im Folgenden einen etwas allgemeineren Überblick geben, wie und vor allem warum wir Modelle

32 Wien, Kunsthistorisches Museum Inv.-Nr. XIV Z 266, heute ausgestellt im Ephesosmuseum.

und Simulationen verwenden[33]. Sehr oft basieren diese Forschungen auf einer interdisziplinären Zusammenarbeit, bei der die Altertumswissenschaften mit Kolleg:innen aus der Geologie, Mathematik, Geographie, Informatik, Visualisierungswissenschaft und vielen weiteren Disziplinen eng zusammenarbeiten[34]. Die Erforschung der materiellen Hinterlassenschaft ist Hauptaufgabengebiet insbesondere der Archäologie; deswegen stehen physisch vorhandene Objekte, unabhängig von Material, Dimension und Erhaltungszustand, im Mittelpunkt der archäologischen Forschung. Als dreidimensionale Objekte können sie in Zeit und Raum verortet werden, d. h. ergänzend zu den physischen Eigenschaften wie Dimension und Materialeigenschaften etc. können für archäologische Objekte chronologische Kriterien bestimmt werden, wie beispielsweise Herstellung, Nutzungsdauer oder Deponierung, sowie geographische Kartierungen unter verschiedenen Kriterien vorgenommen werden.

Ein wichtiger Punkt bei der Arbeit mit archäologischen Objekten ist allerdings, dass zumeist nicht alle relevanten Objekte auch an demselben Ort verwahrt sind: Vergleichbare Objekte sind oft über verschiedene Museen und Sammlungen verstreut, gelegentlich sogar anpassende Fragmente desselben Objekts. Mittels Scantechnologie und digitaler Modellierung kann die Überprüfung von Anpassungen ortsunabhängig vorgenommen werden, ohne dass die antiken Originale selbst reisen müssen, was immer ein gewisses Risiko für die originale Substanz darstellt[35].

Modelle und Simulationen kommen nicht nur bei einer fragmentierten Ausgangslage zum Einsatz, sondern auch im Falle von stark gefährdeten Objekten, die bei der Manipulation Schaden nehmen könnten. Dies trifft insbesondere

33 Auf das Generieren der Modelle bzw. den verschiedenen Methoden der Gewinnung der Ausgangsdaten, gehe ich hier nicht näher ein: vgl. die allgemeinen Beiträge St. Dey, *Potential and limitations of 3D digital methods applied to ancient cultural heritage: insights from a professional 3D practitioner*, in: K. Kelly – R. k. L. Wood (Hrsg.), Digital Imaging of Artefacts: Developments in Methods and Aims (Oxford 2018) 5–35.

34 Zu einem Überblick zu den unterschiedlichen digitalen Dokumentationsmethoden und deren gegenseitigen Unterstützung s. D. Tanasi, *The digital (within) archaeology. Analysis of a phenomenon, the Historian 2020*, https://doi.org/10.1080/00182370.2020.1723968, letzter Zugriff: 29. 11. 2021. Die oft schwierige interdisziplinäre Zusammenarbeit thematisiert auch L. Scheuermann, *Geschichte der Simulation / Simulation der Geschichte. Eine Einführung*, Digital Classics Online 6, 1 (2020) https://journals.ub.uni-heidelberg.de/index.php/dco/article/view/68127, letzter Zugriff: 29. 11. 2021.

35 Im vordigitalen Zeitalter wurde das Verifizieren von Anpassungen zumeist mit Abgüssen durchgeführt; allerdings ist die Herstellung eines Abgusses mit gewissen Risiken für die originale Substanz verbunden.

auf organische Substanzen zu, beispielsweise Textilien, oder andere Materialien, die durch antike oder nachantike Umwelteinflüsse in Mitleidenschaft gezogen wurden. Oft kann das archäologisch interessante Objekt an der Oberfläche auch nicht erkannt werden, dann kommen bildgebende Verfahren, wie Röntgen oder Computertomographie, zum Einsatz, die ein verborgenes Objekt modellieren und dadurch erforschbar machen, ohne in das Material selbst physisch eingreifen zu müssen. Diese Verfahren werden beispielsweise – um nur ein paar ausgewählte Beispiele zu nennen – bei Mumien, sogenannten Blockbergungen, bei denen ein archäologisches Objekt gemeinsam mit dem gesamten umgebenden Material ausgegraben wird, oder bei verkohlten Papyrusrollen aus Herculaneum[36] angewendet.

Kommen wir vom einzelnen archäologischen Fundstück wieder zurück zur Architektur. Die wissenschaftlichen Rekonstruktionen der früheren Jahrhunderte konzentrierten sich zumeist auf einzelne Gebäude; Rekonstruktionen von Baukomplexen oder Städten stellen im Allgemeinen die Ausnahme dar[37]. Dadurch wird jedoch ein äußerst wichtiger Faktor nicht berührt: wie fügt sich der Bau in seine Umgebung ein, beispielsweise in das innerstädtische Straßenbild im Falle der Celsusbibliothek[38]. Die Rekonstruktionszeichnungen des Baus (Abb. 5) verleiten zu dem irreführenden Eindruck, dass das Gebäude isoliert, sozusagen auf der grünen Wiese, steht. Dies war jedoch zu keiner Zeit seiner Nutzung, von der Errichtung am Beginn des 2. Jahrhunderts bis zum Umbau in eine Brunnenfassade am Beginn des 5. Jahrhunderts n. Chr., der Fall. Eine ähnliche Schwierigkeit ergibt sich bei der Errichtung bzw. Teilrekonstruktionen von Gebäuden im Rahmen einer musealen Präsentation, wofür das Pergamonmuseum in Berlin wohl eines der besten Beispiele darstellt: die Gebäude müssen

36 Die Papyri wurden zusammengerollt in den Regalen der Bibliothek der namengebenden Villa die Papyri gefunden. Die originale Substanz ist durch die Einflüsse des Vesuvausbruchs und die nachfolgenden Bodenlagerung stark in Mitleidenschaft gezogen, sodass die für die Lesung notwendige Entrollung substanzzerstörend wäre. Die besondere Vorgehensweise bei den Papyri aus Herculaneum ist nicht nur die Modellierung des Ist-Zustands sondern die virtuelle Abrollung, sodass der Text wieder lesbar wird: I. Bukreeva et al., *Virtual unrolling and deciphering of Herculaneum papyri by X-ray phase-contrast tomography*, Nature Scientific Reports 6, 2016; https://doi.org/10.1038/srep27227, letzter Zugriff: 10.12.21.

37 Es wurde versucht, dieses schon damals offensichtliche Dilemma durch die Anfertigung perspektivischer Zeichnungen abzumildern. Diese Zeichnungen müssen jedoch immer statisch bleiben.

38 Topographische Besonderheiten können bei diesen Rekonstruktionen kaum berücksichtigt werden.

auf Grund der Innenraumsituation auf ihre Fassade bzw. auf eine Ansichtsseite reduziert werden. Auch wenn es sich um reale Architekturmodelle handelt, die in originaler Größe, von der man im Pergamonmuseum schon einmal überwältigt werden kann, zu betrachten sind, ist es schwierig den dreidimensionalen Raum und das Raumgefüge zu erfassen und zu verstehen[39].

Bei der Nutzung der Modelle, wie wir sie zuvor gesehen haben, bleibt der Betrachter ein Außenstehender. Auch wenn die Realität maßstabhaltig und unter Verwendung reicher wissenschaftlich fundierter Ausgangsdaten, die eine gewisse Plausibilität ermöglicht, abgebildet bzw. nachgebaut wird, ist das tiefere Eindringen kaum möglich[40]. Darüber hinaus ist der Betrachtungswinkel auch sehr oft von oben (Abb. 6–7), also aus der Vogelperspektive. Dies ist für den Menschen prinzipiell eine atypische Perspektive.

Unter Einsatz von Augmented Reality (AR) und Virtual Reality (VR) können Bilder erzeugt werden, die dem Betrachter ein „mitten im Geschehen" zu suggerieren versuchen[41]. Auch hier fungieren häufig digitale Aufnahmeverfahren, wie Photogrammetrie, Laserscans und LIDAR, als Datenlieferanten, aus denen digitale Modelle weiterentwickelt werden. Wenn auch der gezeigte Inhalt physisch nicht real ist, also simuliert wird, würde ich hier jedoch noch nicht von einer puren Simulation sprechen wollen. Es scheint mir eher, wie der Name sagt, eine angereicherte Realität (augmented reality) zu sein[42]. Über zumeist außerwissenschaftliche Portale sind solche Modelle verfügbar, über die sich nahezu jeder Nutzer unter einem relativ geringen finanziellen Aufwand (Computerausstattung, Datenleitung, VR-Brille) eine Ruinenlandschaft ins

---

39 M. Maischberger – B. Feller (Hrsg.), *Außenräume in Innenräumen. Die musealen Raumkonzeptionen von Walter Andrae und Theodor Wiegand im Pergamonmuseum* (Berlin 2018).

40 Abhilfe können hier begehbare Nachbauten in Freilichtmuseen und Archäologischen Parks schaffen, in denen der Besucher die Dimensionen von Räumen, auch im Inneren nachempfinden kann; bei der Errichtung solcher Nachbauten wird rasch klar, dass nicht über alle Details ausreichende Klarheit herrscht.

41 Beim Bewegen durch die Landschaft ergeben sich unterschiedliche Blickpunkte und Perspektiven, beispielhaft dargestellt am Heiligtum der Großen Götter auf Samothrake: B. Wescoat, *Architectural Documentation and Visual Evocation: Choices, Iterations, and Virtual Representation in the Sanctuary oft he Great Gods on Samothrace*, in: P. Sapirstein (Hrsg.), New Directions and Paradigmas for the Study of Greek Architecture (2019) 305–321; https://samothrace.emory.edu/, letzter Zugriff: 25. 11. 2021.

42 M. Hollinshead fasst es kurz folgendermaßen zusammen: „GIS and VR encourage us to look beyond buildings."; M. Hollinshead, *Contexts for Greek Architecture: Place and People*, in: P. Sapirstein (Hrsg.), New Directions and Paradigmas for the Study of Greek Architecture (2019) 243–257.

Wohnzimmer holen kann, oft sogar ergänzt um Rekonstruktionsvorschläge und ergänzende Informationen[43].

Beispielhaft sei hier das sich derzeit in Entwicklung befindende Projekt „Ephesos 4D"[44] angeführt (Abb. 8): Bereits bestehende Rekonstruktionsvorschläge von ephesischen Einzelgebäuden werden unter Verwendung digitaler Methoden und unter Einbeziehung weiterer wissenschaftlicher Daten digital rekonstruiert, um eine digitale Gesamtvisualisierung des Stadtgebiets zu erarbeiten. Die Problematik dahinter ist jedoch dieselbe wie bei dem Holzmodell im Ephesosmuseum in Wien: es ist äußerst schwierig, jene Regionen, von denen wir derzeit keine Daten haben, zu „bebauen".

Abb. 8 Visualisierung der sog. Alytarchenstoa im kaiserzeitlichen Ephesos. Ausschnitt aus „Ephesos 4D: Die virtuelle Stadt" des ÖAI.

Neben der Überführung eines Gebäudes in die dritte Dimension – mit welchen Mitteln auch immer die Rekonstruktion/Modellierung erfolgt, ist dabei

43 Immersive virtuelle Umgebungen, wie beispielsweise die CAVE-Technologie (Cave Automatic Virtual Environment), ermöglichen mehreren Benutzern gleichzeitig die Erfahrung derselben virtuellen Umgebung, in der sie sich interaktiv bewegen und auch miteinander interagieren können; J. P. Emanuel, *From Physical to Digital, From Interactive to Immersive: Archaeological Uses of 3D, AR, VR, and More*, in: J. B. Glover – J. Moss – R. Rissolo (Hrsg.), Digital Archaeologies, Material Worlds: Past and Present (Tübingen 2020) 243–253.

44 Ephesos 4D: die virtuelle Stadt: https://www.oeaw.ac.at/oeai/forschung/historische-archaeologie/historische-bauforschung/ephesos-4d-die-virtuelle-stadt, letzter Zugriff: 29. 11. 2011.

zweitrangig – stehen jedoch viele damit verbundene weitere altertumskundliche Fragen: Wie wirkte ein konkreter Bau auf die Zeitgenossen, was sahen sie, was rochen sie, was hörten sie[45]? Hier setzen in den letzten Jahren auch in den Altertumswissenschaften Forschungsansätze an, die unter dem Überbegriff „sensory studies" zusammengefasst werden können. Digitale Modelle und Visualisierungen kommen in diesem Zusammenhang auf ganz spezielle Weise und sehr hilfreich zum Einsatz[46].

Wenn man sich vom bebauten Areal in die umgebende Landschaft begibt, die seltener als Siedlungsplätze archäologisch erforscht ist, wird es umso schwieriger, zu gesicherten Daten zu kommen. Gerade die Evaluierung der Landschaft und deren Durchmessung durch Straßen und Verbindungswege sind aber wichtige Voraussetzungen für die Bewertung von Handel und Transport und stellen deswegen eine fundamentale Ausgangsbasis für das Verstehen wirtschaftlicher Zusammenhänge dar[47]. Welche Kosten fielen bei welcher Art des Transports (zu Wasser oder zu Land, zu Fuß oder zu Pferd, mit Lasttier oder Wagen) an? Hier sind eben nicht nur die zurückgelegte Strecke, die auch einer Landkarte zu entnehmen ist, relevant, sondern es kommen Umweltbedingungen wie Ausbau und Beschaffenheit des Wegesystems, Klima oder saisonale Rahmenbedingungen ins Spiel. Alle diese Faktoren sind bei der Kostenberechnung für Reisen und Handel zu berücksichtigen. Diese Überlegungen[48] liegen dem ORBIS-Projekt zugrunde, das sich der Erforschung der Wegzeiten und der Kosten für den Warentransport im Römischen Reich widmet. Die von ORBIS in einer interaktiven Simulationsrechnung verknüpften Daten stellen

---

45 Gerade bei der Erforschung der Akustik von antiken Räumen wurden in den letzten Jahren große Fortschritte gemacht; vgl. z. B. die Visualisierung der Redesituation am Forum Romanum, Ch. Kassung – S. Muth, *Plausibilisieren. (Re-)Konstruktion als Experiment. Sehen und Hören in antiker Architektur*, in: S. Marguin et al. (Hrsg.), Experimentieren (Bielefeld 2019) 191–204. Allgemein s. S. Butler – S. Nooter (Hrsg.), *Sound and the Ancient Senses* (London, New York 2019).

46 A. Haug – P.-A. Kreuz (Hrsg.), *Stadterfahrung als Sinneserfahrung in der römischen Kaiserzeit*, Studies in Classical Archaeology 2 (Turnhout 2016); M. Squire (Hrsg.), Sight and the ancient senses (London 2016).

47 Auch für das Verständnis militärischer Aktivitäten ist eine solide geographische Ausgangsbasis inklusive des entsprechenden Wegesystems relevant. Zu unterschiedlichen Aspekten von Wegsimulationen s. das Themenheft: *Simulation von Handel und Transport in der Antike*, Digital Classics Online 6, 1 (2020) (https://doi.org/10.11588/dco.2019.2.68127), letzter Zugriff: 05. 12. 2021.

48 W. Scheidel, *The Shape of the Roman World. Modelling Imperial Connectivity*, Journal of Roman Archaeology 27, 2014, 7–32.

eine anschauliche Grundlage für das Verständnis wirtschaftlicher Zusammenhänge im Imperium Romanum dar[49].

5. Ausgewählte Beispiele

Abschließend sollen zwei ausgewählte Themenbereiche aus dem archäologischen Arbeitsgebiet kurz vorgestellt werden, zu denen Projekte an der Universität Graz durchgeführt wurden und werden. Es handelt sich um Beispiele aus den Forschungsgebieten an den sogenannten Römersteinen und an griechischer Gefäßkeramik. Anhand konkreter Fallbeispiele werden die Vorgehensweise, deren Begründung und die derzeitigen Zwischenergebnisse kurz zusammengefasst. Hier greifen Modellbildung, Simulation und Visualisierung stark ineinander.

5.1 Römersteine

Steinerne Bauglieder römischzeitlicher Bauten, egal ob Tempel, Theater, Grabbau oder ein Bau einer anderen Funktion, werden kurz unter dem Begriff „Römersteine" zusammengefasst. Dabei handelt es sich um Bauglieder mit schlichter architektonischer Gestaltung, um Bausteine mit Inschriften und/oder mit reliefierter, oft figürlicher Dekoration, aber auch um freiplastische Elemente, sofern sie einem Bauwerk zuzuordnen sind[50]. Da bereits seit der Renaissance großes Interesse an diesen Zeugen der römischen Vergangenheit herrschte, wurden Römersteine nach ihrer Auffindung häufig in bestehende Gebäude eingemauert oder in Museen und Sammlungen verbracht. Selten befinden sie sich an ihrem ursprünglichen Auffindungsort. Dies trifft in besonderem Maße für jene Steine zu, die im Jahre 1831 mit sichtbaren dekorativen Seiten in der sogenannten Römersteinwand im Schloss Seggau, einer Art von Laubengang, verbaut wurden[51]. Die Römersteinwand bildete seither einen

49 Derzeit zielt die Kostensimulationen im ORBIS-Projekt auf verallgemeinernde Aussagen ab, da das Modell nur auf die Hauptrouten beschränkt ist. In weiteren Ausbaustufen sollen auch kleinräumigere Verbindungen und eine größere Varianz der die Kosten beeinflussenden Parameter zur Verfügung stehen: https://orbis.stanford.edu, letzter Zugriff 29. 11. 2021.

50 Ein sehr guter Überblick zu Römersteinen ist in dem Repositorium „Ubi Erat Lupa" zu finden: http://lupa.at, letzter Zugriff: 22. 04. 2022.

51 St. Karl – G. Wrolli, *Der Alte Turm im Schloss Seggau zu Leibnitz* (Wien, Berlin 2011).

besonderen Anziehungspunkt für die altertumskundliche Forschung, wie Epigraphik und Archäologie, aber auch für interessierte Laien und Tourist:innen im Schloss Seggau. Es sind jedoch nicht alle Steine unversehrt und vollständig auf uns gekommen, wodurch die Analyse der Reliefs, der Inschriften und der Ornamentik erschwert wird. Darüber hinaus behinderte eine vor der Witterung schützende Putzschicht, die die Römersteine teilweise abdeckte, deren Bewertung und uneingeschränkte Auswertung.

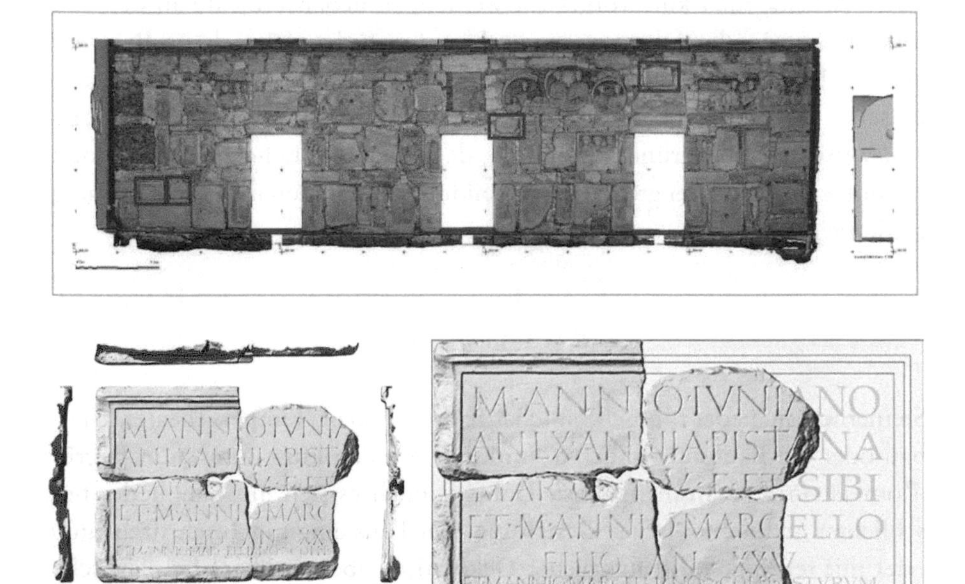

Abb. 9 Ansicht der Römersteinwand im Schloss Seggau; die zusammengehörenden Fragmente in der Wand sind mit roten Kästchen markiert; b. Montage der 3D-Modelle der vier Fragmente der Grabinschrift der Familie der Annier.

Eine notwendig gewordene Fassadensanierung eröffnete im Jahre 2019 die Möglichkeit, alle Römersteine so weit wie möglich, ohne sie aus dem Mauerverband zu lösen, freizulegen und das erste Mal eine umfassende Dokumentation anzufertigen. Dabei kamen terrestrisches Laserscanning und Structure-from-Motion zum Einsatz. Somit liegen heute nicht nur ein im Landeskoordinatensystem verortetes Modell der gesamten Wand (Abb. 9a) sondern auch für jeden einzelnen Stein ein texturiertes 3D-Modell vor. Die genaue Analyse dieser Dokumentation wird noch länger andauern, aber es zeigte sich bereits, dass auch nach fast 190 Jahren immer noch Entdeckungen gemacht werden können.

Beispielsweise wurde einer Platte mit Inschrift, die seit jeher als in drei Teile zerbrochen galt, ein weiteres Fragment zugeordnet. Die nunmehr vier einzelnen Fragmente können auf Basis der 3D-Modelle virtuell zusammengeführt werden, obwohl die einzelnen Teile selbst in der Römersteinwand verbaut sind. Dadurch werden eine neue Lesung und Interpretation der Inschrift ermöglicht (Abb. 9b)[52]: Es handelt sich um eine Platte, die im Vergleich zu ähnlichen Bauten und auf Grund ihrer Profilierung die Inschriftenplatte einer Grabaedicula der Familie der Annier darstellt. Sie muss ursprünglich zwischen 180 und 217 n. Chr. an einem Familiengrabbau in Flavia Solva (Leibnitz, Steiermark) verbaut gewesen sein.

5.2 Griechische Gefäßkeramik

Die Fundgruppe, die auf archäologischen Ausgrabungen am häufigsten belegt ist, ist Keramik. Sie ist zumeist stark gebrochen und nur fragmentarisch erhalten. Ihre Analyse stellt oft besondere Herausforderungen an die Dokumentation, der schließlich häufig eine (partielle) Rekonstruktion folgt. Insbesondere für die sogenannte figürlich bemalte Keramik der archaischen und klassischen Zeit, 700–330 v. Chr., stellen nicht nur die Gefäßform sondern auch die Analyse der dekorativen Oberfläche zentrale Forschungsfragen[53] dar.

Für das Erfassen der Gefäßform kann eine digitale Dokumentation nützlich sein, sie hat aber für die Analyse selbst kaum mehr Informationsgehalt als eine konventionelle Zeichnung. Das ändert sich jedoch mit dem Einsatz bildgebender Verfahren, die Aufschlüsse über die Gefäßinnenseite oder die Materialbeschaffenheit selbst geben können. Hier sind insbesondere Röntgen, Computertomographie und Spektralanalysen zu nennen, deren Vorteil in ihrer Zerstörungsfreiheit liegt und die antike Substanz durch deren Einsatz nicht beeinträchtigt wird[54].

---

52 St. Karl – P. Bayer, *Die Annii: Eine epigraphische Familienzusammenführung an der Seggauer Römersteinwand*, in: E. Steigberger (Hrsg.), Von den Alpen bis ans Meer. Festschrift für Bernhard Hebert zum 60. Geburtstag (Wien 2020) 101–104.

53 E. Trinkl – St. Karl – St. Lengauer – R. Preiner – T. Schreck, *Cross-Modal Search and Exploration of Greek Painted Pottery*, in: M. Hostettler – A. Buhlke – C. Drummer – L. Emmenegger – J. Reich – C. Stäheli (Hrsg.), The 3 Dimensions of Digitalised Archaeology. State-of-the-art, Data Management and Current Challenges in Archaeological 3D Documentation (in Druck).

54 E. Trinkl (Hrsg.), *Interdisziplinäre Dokumentations- und Visualisierungsmethoden*, Corpus Vasorum Antiquorum Beih. 1 (Wien 2013); St. Karl, K. S. Kazimierski, C. A.

Die Erfassung der figürlich dekorierten Oberfläche ist jedoch händisch sehr aufwändig, hier kann eine digitale Dokumentation unterstützend zum Einsatz kommen. Während eine figürliche Szene in der Realität durch entsprechende Manipulationen des Gefäßes erfasst werden kann, eröffnet eine Momentaufnahme, wie beispielsweise ein Foto, nur einen eingeschränkten Blick auf die Darstellung. Hier kann die digitale Erfassung der Oberfläche sehr hilfreich sein, indem man eine Abrollung herstellt. Dies ist prinzipiell keine neue Vorgehensweise, sie kann jedoch durch die digitale Dokumentation erleichtert werden.

Eine solche Abrollung kann bei jenen Gefäßen, deren Körper sich einem geometrischen Körper annähert, mit relativ geringem Aufwand hergestellt werden, beispielsweise auf einen Zylinder (Abb. 1). Ist die Gefäßoberfläche jedoch in zwei Richtungen unterschiedlich stark gekrümmt (Abb. 10a), gibt es keine geometrische Form, auf die abgerollt werden kann[55]. Rollt man doch auf eine einzelne geometrische Form ab, dann kommt es zu starken Verzerrungen des Bildes auf der Oberfläche (Abb. 10b). Um diese Verzerrungen zu minimieren, werden in einem „Elastic Flattening“ genannten Verfahren die Verzerrungen über algorithmische Verfahren minimiert[56]. Die auf diese Weise entstehenden Abrollungen sind keine Modelle mehr, sondern echte Simulationen, die die Realität nicht mehr maßstäblich abbilden. Sie erlauben aber dennoch, die bildliche Dekoration besser zu erfassen und zu analysieren (Abb. 10c).

Mehrheitlich wurde griechische Keramik auf der Drehscheibe hergestellt, dazu gehören auch die bereits gezeigten Beispiele. Daneben stehen Gefäße, die mit Negativformen, sogenannten Modeln, angefertigt wurden. Betrachten wir in dieser Gruppe modelgefertigter Gefäße eine bestimmte Gruppe näher: die

---

Hauzenberger, *An interdisciplinary approach to studying archaeological vase paintings using computed tomography combined with mineralogical and geochemical methods. A Corinthian alabastron by the Erlenmeyer Painter revisited*, Journal of Cultural Heritage 31, 2018, 63–71 (https://doi.org/10.1016/j.culher.2017.10.012, letzter Zugriff: 04.12.2021); U. Kästner, D. Saunders (Hrsg.), *Dangerous Perfection. Ancient Funerary Vases from Southern Italy* (Los Angeles 2016).

55 Die Problematik stellt kein „neues“ Problem dar: Es ist bereits für die Darstellung der Erde als geographische Karte von grundlegender Bedeutung, da unser Planet eben keine geometrische Kugel ist; J. P. Snyder, *Flattening the Earth: Two Thousand Years of Map Projections* (Chicago 1993).

56 R. Preiner, S. Karl, P. Bayer, T. Schreck, *Elastic Flattening of Painted Pottery Surfaces*, in: Proceedings of Eurographics Workshop on Graphics and Cultural Heritage 2018 (doi:10.2312/gch.20181355), letzter Zugriff: 29.11.2021; vgl. auch das Kurzvideo: https://www.youtube.com/watch?v=3s-CtvlKJZY, letzter Zugriff: 29.11.2021.

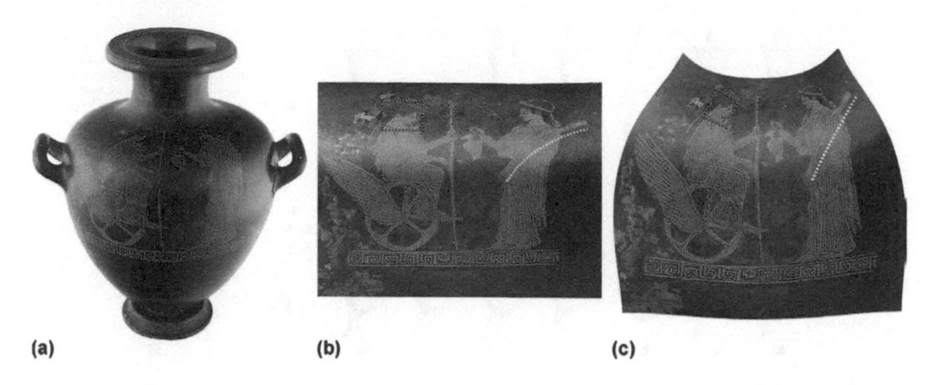

Abb. 10 a. Attisch rotfigurige Hydria. Graz Universität Inv.-Nr. G 30, Ansicht; b. Abrollung der Hydria auf eine Kugel; c. Abrollung unter Verwendung von „Elastic Flattening".

sogenannten Kopfgefäße. Im späten 6. und im 5. Jahrhundert v. Chr. wurden in Athen Keramikgefäße hergestellt, deren Form die Gestalt eines menschlichen, zumeist weiblichen Kopfes, hat. Für die Herstellung eines Gefäßes wurde ein zusammengehörendes Modelpaar verwendet, der eine Model formt das Gesicht, der andere den Hinterkopf. Bei der Endfertigung werden die Gefäßhälften miteinander verbunden und Ausguss und Henkel angebracht; danach wird das Gefäß bemalt und schließlich gebrannt. Der Vorteil der Modelfertigung ist, dass man eine große Anzahl von Gefäßen herstellen kann, die einander stark ähneln, weil sie ja ein gemeinsames Vorbild, dasselbe Modelpaar, haben. Wenn man aber die Gruppe genauer überblickt, zeigt sich, dass etliche Gefäße einander zwar ähneln, derselbe Model als Vorbild allerdings auf Grund der unterschiedlichen Größen ausgeschlossen werden muss, zwischen den Dimensionen der modelgeformten Teile der Gefäße aber regelmäßige Proportionsverhältnisse auszumachen sind. Sie stehen in deutlicher Beziehung zueinander. Um diese Abhängigkeiten zu überprüfen und zu quantifizieren, wurden von einander ähnlichen Gefäßen 3D-Modelle angefertigt und die Gesichter maschinell verglichen; dabei kristallisierten sich deutlich drei voneinander abhängige Generationen heraus (Abb. 11). Dieser Umstand ist nur dadurch zu erklären, dass der Model für eine neue Gruppe offensichtlich von einem bestehenden Gefäß abgenommen wurde: Sowohl Model als auch das anzufertigende Gefäß sind aus Ton hergestellt. Da Ton beim Brand schrumpft, sind deswegen die Gefäße, die mit dem neu abgenommenen Model hergestellt wurden, immer kleiner als das Ausgangsgefäß[57].

57 E. Trinkl, D. Rieke-Zapp, *Digitale Analyse antiker Kopfgefäße*, in: Corpus Vasorum Antiquorum Berlin (München 2018) 68–73; E. Trinkl, D. Rieke-Zapp, L. Homer, Face to face.

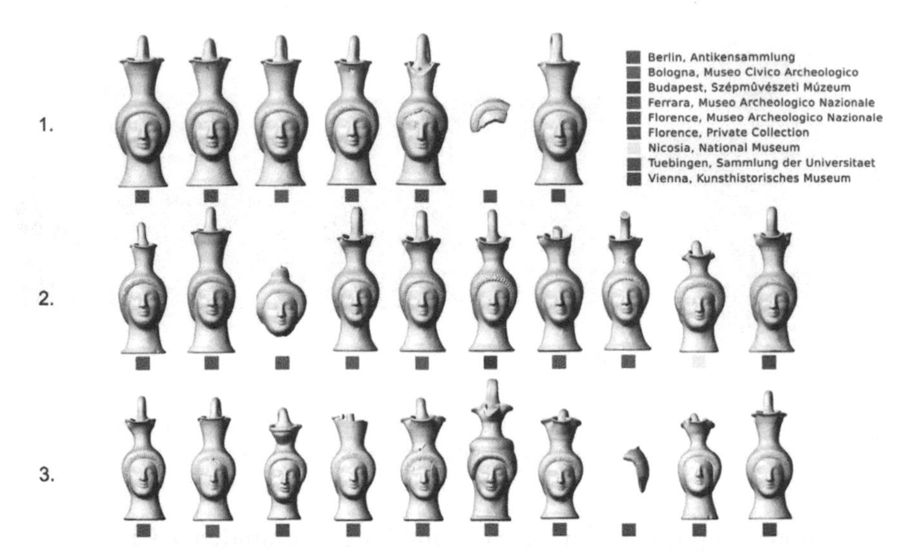

Abb. 11 Überblick über drei Generationen von attischen Kopfgefäßen der sogenannten Cook-Klasse (ca. 500–450 v. Chr.).

Die Beurteilung der Kopfgefäße war bisher auf exakte Zeichnungen und Photographien angewiesen, beides ist oft schwierig anzufertigen. Beim Arbeiten mit den digitalen Modellen der Kopfgefäße können diese Schwierigkeiten insofern ausgeschlossen werden, weil die Dokumentation nicht von der Zeichnung des Gesichtes abgelenkt wird, wie es unterschwellig bei einer manuellen Dokumentation passiert. Auch können nur fragmentarisch erhaltene Gefäße in der Analyse berücksichtigt werden, was bei der konventionellen Dokumentation ebenso schwierig ist. Darüber hinaus kann, nachdem das 3D-Modell angefertigt ist, ortsunabhängig gearbeitet werden[58]. So konnten wir Kopfgefäße und Fragmente dieser Gefäßgruppe, die in neun unterschiedlichen Museen und Sammlungen verwahrt werden, analysieren (Abb. 11)[59].

Kommen wir abschließend zu einem dritten Fallbeispiel: das Strukturieren großer Gruppen archäologischer Objekte. Die genaue Dokumentation jedes einzelnen archäologischen Objekts muss aber auf jeden Fall auch hier am Beginn

---

Considering the moulding of Attic head vases reconsidering Beazley's groups by quantitative analysis, Journal of Archaeological Science: Reports 21, 2018, 1019–1024 (https://doi.org/10.1016/j.jasrep.2017.07.023, letzter Zugriff: 29. 11. 2021).

58 Die Anfertigung eines 3D-Modells schützt insofern auch die originale Substanz, weil dafür nur eine einmalige Manipulation des Objektes notwendig ist.

59 Ähnliche Vorgehensweisen werden auch bei der Analyse von Punzen auf Münzen und der Typenanalyse von Plastik und Terrakotten angewendet.

der Analyse stehen. Für jedes archäologische Objekt kann eine große Anzahl an einzelnen Eigenschaften bestimmt werden. Dabei handelt es sich sowohl um intrinsische Eigenschaften, wie Material, Dimension, etc., aber auch um aus der Forschung abgeleitete extrinsische Eigenschaften, wie beispielsweise die Benennung der Gefäßform oder die Datierung. Wie schon das Beispiel der Kopfgefäße zuvor zeigte, sind Vergleichen und Erkennen gemeinsamer Objekteigenschaften wichtige Vorgehensweisen in der archäologischen Forschung. Dies kann bei überschaubaren Gruppengrößen relativ gut bewerkstelligt werden, wird aber ab einer gewissen Gruppengröße extrem schwierig. Insbesondere wenn es gilt, nicht nur ein oder zwei Objekteigenschaften zueinander in Beziehung zu setzen[60]. Zur Veranschaulichung soll uns wieder eine ausgewählte Gruppe von griechischen Gefäßen dienen.

Unter den zahlreichen Eigenschaften eines griechischen Keramikgefäßes stellen insbesondere die Bestimmung der Gefäßform, des Fundorts und des Zeitpunkts der Herstellung Eckdaten der Objektanalyse dar. Erst bei der Analyse größerer Gruppen lassen sich daraus übergeordnete Trends erkennen, wie z. B. besondere Vorlieben für bestimmte Gefäßformen in gewissen Regionen in konkreten Zeitabschnitten. Ohne eine Visualisierung der Verbundenheit (*interconnectivity*) der einzelnen Eigenschaften[61] sind solche Zusammenhänge nur schwierig zu erkennen.

Entsprechende computerunterstützte Analyseverfahren ermöglichen die Bildung signifikanter Gruppen, basierend auf der Beziehung von Ähnlichkeiten. In einem von uns vorgeschlagenen Analyseprogramm[62], werden die Gefäße zuerst entsprechend der drei signifikanten Eigenschaften Gefäßform, Fundort und Zeitpunkt der Herstellung separiert gruppiert und anschließend mit Werkzeugen aus dem Bereich der Netzwerkanalyse zueinander in Beziehung gesetzt. Dies ermöglicht sowohl die Evaluierung nur einer Eigenschaft als auch die Visualisierung der Beziehungen zwischen den einzelnen Eigenschaften (Abb. 12).

---

60 Ähnliche Ansätze z. B. bei S. Murray, *Big Data and Greek Archaeology: Potenzial, Hazards, and a Case Study from Early Greece*, in: C. Cooper (Hrsg.), New Approaches to Ancient Material Culture in the Greek & Roman World (Leiden, Boston 2021) 63–78.

61 M. Collar, *Networks, Connectivity, and Material Culture*, in: C. Cooper (Hrsg.), New Approaches to Ancient Material Culture in the Greek & Roman World (Leiden, Boston 2021) 47–62.

62 S. Lengauer, A. Komar, St. Karl, E. Trinkl, R. Preiner, T. Schreck, *Visual Exploration of Cultural Heritage Object Collections with Linked Spatiotemporal, Shape and Metadata Views*, in: 25th International Symposium on Vision, Modeling, and Visualization (Tübingen 2020) 137–144 (https://doi.org/10.2312/vmv.20201196, letzter Zugriff: 05. 12. 2021).

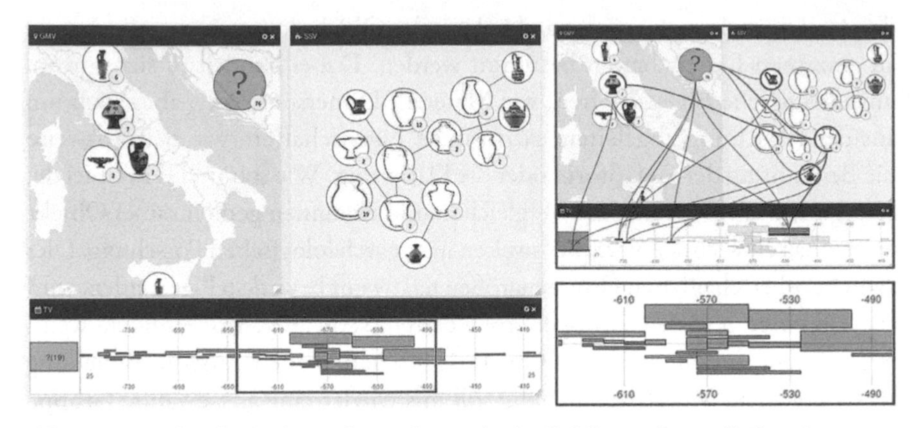

Abb. 12 Screenshot des Analysewerkzeugs für griechische Gefäßkeramik unter Einbeziehung der Eigenschaften Gefäßform, Fundort und Herstellungszeitpunkt sowie die Visualisierung der Beziehungen der Objekte (blaues Kästchen) zueinander basierend auf diesen Eigenschaften.

Die vorgestellten Fallbeispiele geben jeweils punktuell Einblick in die Verwendung von Modellen und Simulationen in der praktischen archäologischen Forschung. Beide sind aufs engste mit computergestützten Visualisierungsverfahren verbunden, ohne die sie überhaupt nicht entstehen könnten. Dass ihr Einsatz sinnvoll ja sogar extrem bereichernd sein kann, steht für mich außer Frage[63], doch darf das Studium des Objekts selbst keinesfalls vernachlässigt werden.

6. Fazit

Modelle und Simulationen sind auch in einer historischen Wissenschaft, denen wir die Archäologie im weitesten Sinne in der europäischen Tradition zuordnen können, ein seit langer Zeit probates Mittel für den Erkenntnisgewinn. Dabei ist der Modellbegriff ein durchaus vielschichtiger. Physisch existierende Modelle in verkleinertem Maßstab dienten der Wissensvermittlung, aber bereits in der Antike auch als symbolische Schaubilder. Modelle in lebensnaher Größe und Anastylosen erlauben die Erfahrung von Raum und Dimension. Daneben stehen zweidimensionale Rekonstruktionen auf Papier, die wegen der meist fragmentierten Ausgangslage ebenso Modellcharakter haben.

63 L. Opgenhaffen, *Visualizing Archaeologists: A Reflexive History of Visualization Practice in Archaeology*, Open Archaeology 7, 2021, 353–377 (https://doi.org/10.1515/opar-2020-0138, letzter Zugriff: 06.12.2021).

Modelle und Simulationen sind also keinesfalls eine „neue“ Erfindung und sind auch nicht a priori an digitale Inhalte gebunden. Die fortschreitende Digitalisierung eröffnet auf diesem Sektor jedoch neue Möglichkeiten, die auch die altertumskundliche und im Besonderen die archäologische Forschung beleben und bereichern. Es gilt aber immer wieder aufs Neue einzuschätzen, in welchem Zusammenhang Modelle und Simulationen Sinn machen, wofür sie verwendet werden sollen und insbesondere, ob das Datenfundament für die Anwendung der digitalen Verfahren ausreichend und solide ist. Unter diesen Voraussetzungen dürfen wir uns vom Einsatz dieser Methoden noch viele neue Erkenntnisse erwarten.

7. Acknowledgments

Ich danke allen Kolleginnen und Kollegen (P. Bayer, P. Houska, St. Karl, St. Lengauer, R. Preiner, D. Riecke-Zapp, T. Schreck), die wir gemeinsam die hier angesprochenen Grazer Projekte durchführten und durchführen, sowie dem FWF, dem Land Steiermark und der Universität Graz für die dafür gewährten finanziellen Unterstützungen sowie St. Karl und U. Quatember für die Durchsicht des Manuskripts.

Abbildungen

Abb. 1 © The Trustees of the British Museum.

Abb. 2 © Hellenic Ministry of Culture and Sports/Hellenic Organization of Cultural Resources Development (H. O. C.RE. D.).

Abb. 3 a. nach: R. Meneghini, Die Kaiserforen Roms (Darmstadt 2015) 60 Abb. 67.
b. © The Stanford Digital Forma Urbis Romae Project.

Abb. 4 © Museumslandschaft Hessen – Kassel, Antikensammlung.

Abb. 5 a. nach Österreichische Jahreshefte 11, 1908, 118 Abb. 21.
b. nach Österreichische Jahreshefte 11, 1908, 122 Abb. 24.
c. nach: F. Hueber, Beobachtungen zu Kurvatur und Scheinperspektive an der Celsusbibliothek und anderen kaiserzeitlichen Bauten, Diskussionen zur archäologischen Bauforschung 4 (Berlin 1984) 178 Abb. 2.

Abb. 6 © Sovrintendenza Capitolina ai Beni Culturali.

Abb. 7 © Kunsthistorisches Museum Wien.

Abb. 8 © ÖAW-ÖAI/7reasons; basierend auf: U. Quatember – V. Scheibelreiter – A. Sokolicek, die sog. Alytarchenstoa an der Kuretenstraße von Ephesos, Archäologische Forschungen 15 (Wien 2009) 111–154.

Abb. 9 © S. Karl, P. Bayer; Archaeogon Graz.
Abb. 10 © R. Preiner; The Eurographics Association.
Abb. 11 © P. Bayer, E. Trinkl; Graz, Universität.
Abb. 12 © S. Lengauer; TU Graz.

Klimamodelle und Klimawandel[1]

Jochem Marotzke

Der Physiknobelpreis 2021 an Klaus Hasselmann und Syukuro (Suki) Manabe illustriert die zentrale Rolle, die Klimamodelle im Verständnis des Klimawandels spielen. Liest man zwischen den Zeilen der abstrakten und – nach meinem Dafürhalten – etwas gestelzten Preisbegründung „für die physikalische Modellierung des Erdklimas, die Quantifizierung der Variabilität und die zuverlässige Vorhersage der globalen Erwärmung", so erkennt man Antworten auf zwei elementare Fragen: „Ist der Mensch verantwortlich für den beobachteten Klimawandel?" und „Was sind die Folgen künftiger CO_2-Emissionen?" Die erste Frage wurde im Kern von Klaus Hasselmann beantwortet und die zweite von Suki Manabe. Beide Fragen erfordern zu ihrer Beantwortung Klimamodelle, und im Zuge der Beantwortung stellen sich für beide Fragen interessante erkenntnistheoretische Herausforderungen. Antworten und Herausforderungen werde ich hier für die beiden Fragen jeweils erläutern.

Abb. 1 + 2 Klaus Hasselmann, emeritierter Direktor am Max-Planck-Institut für Meteorologie (MPI-M) in Hamburg (links), Syukuro Manabe, emeritierter Leitender Wissenschaftler am Geophysical Fluid Dynamics Laboratory (GFDL) in Princeton (rechts), zwei der Physik-Nobelpreisträger 2021.

---

1 Jochem Marotzke; Max-Planck-Institut für Meteorologie und Centrum für Erdsystemforschung und Nachhaltigkeit, Universität Hamburg; Bundesstr. 53; 20146 Hamburg; jochem.marotzke@mpimet.mpg.de. Ich danke Iris Ehlert für eine kritische und sehr gründliche Durchsicht.

1. Warum hat sich das Klima geändert?

Die Erdoberfläche hat sich seit der zweiten Hälfte des 19. Jahrhunderts im Mittel um 1,1 Grad Celsius erwärmt, auf dem Land deutlich mehr als an der Ozeanoberfläche (Abbildung 3). Die Beobachtungen sind klar.

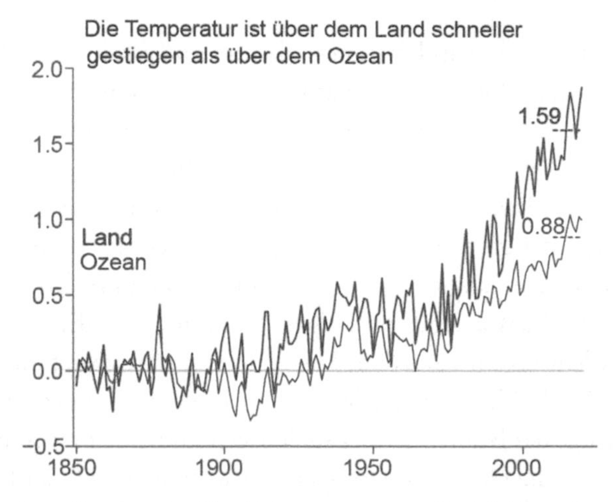

Abb. 3 Beobachtete Zunahme der Oberflächentemperatur in Grad Celsius, relativ zum zeitlichen Mittel über die Periode 1850 bis 1900 und getrennt für die gesamte Landoberfläche und die gesamte Ozeanoberfläche.[2]

Aber woher wissen wir, warum diese Erwärmung geschehen ist; was war die Ursache? Der letzte Bericht des „Weltklimarats" IPCC (Intergovernmental Panel on Climate Change) sagt hierzu: *„Es ist eindeutig, dass der Einfluss des Menschen die Atmosphäre, den Ozean und die Landflächen erwärmt hat."*[3] Der zu dieser Aussage führende intellektuelle Prozess kann nicht einfach sein. Einerseits übersteigen tägliche und jahreszeitliche Schwankungen das Temperatursignal des menschengemachten Klimawandels um ein Vielfaches. Andererseits ist ungefähr ein Grad Celsius im globalen Mittel nicht wenig. Der dramatischste Klimawandel in der jüngsten Erdgeschichte, die letzte Eiszeit, war im globalen Mittel „nur" ungefähr fünf Grad Celsius kälter als heute. Sollten die jetzigen

2 Nach Figure 2.11b in S. K. Gulev, P. W. Thorne, J. Ahn, F. J. Dentener, C. M. Domingues, S. Gerland, D. Gong, D. S. Kaufman, H. C. Nnamchi, J. Quaas, J. A. Rivera, S. Sathyendranath, S. L. Smith, B. Trewin, K. von Shuckmann, and R. S. Vose, "Changing state of the climate system," in *Climate Change 2021: The Physical Science Basis. Contribution of Working Group I to the Sixth Assessment Report of the Intergovernmental Panel on Climate Change*, ed. V. Masson-Delmotte, et al. (Cambridge University Press, 2021).

3 IPCC, "Summary for Policymakers", ibid.

Emissionen von CO_2 und anderen Treibhausgasen nicht schnell reduziert oder gestoppt werden, werden wir einen weiteren erheblichen Bruchteil dieser fünf Grad Erwärmung noch in diesem Jahrhundert erleben.

Hasselmann formulierte das grundsätzliche Problem, den menschengemachten Klimawandel zu identifizieren, erstmals quantitativ und zeigte auch, wie schwer es sein würde, aus einzelnen Stationsdaten das Klimasignal herauszulesen.[4] Aus dem Nichts schien dann seine Lösung für das Problem zu kommen: Man benutzt ein Klimamodell, also eine digitale, vereinfachte Darstellung der Welt, um ein Muster der zu erwartenden Änderung zu erzeugen. Dann überprüft man, ob dieses Muster in den Beobachtungen deutlicher zu erkennen ist als durch rein zufälliges Rauschen erklärbar. Wenn ja, hat man ein deterministisches Änderungssignal detektiert. Der große Vorteil dieses Zugangs liegt darin, dass ein Muster viel leichter mit statistischer Signifikanz entdeckt werden kann als eine klimabedingte Änderung in einzelnen Stationsdaten. Das Muster kann praktisch jede beliebige Form annehmen – es könnte der Unterschied zwischen Erwärmung an Land und über dem Ozean sein, wie in Abbildung 3 oder die besonders ausgeprägte Erwärmung über der Arktis, wie in Abbildung 4 – der Phantasie sind hier keine Grenzen gesetzt.

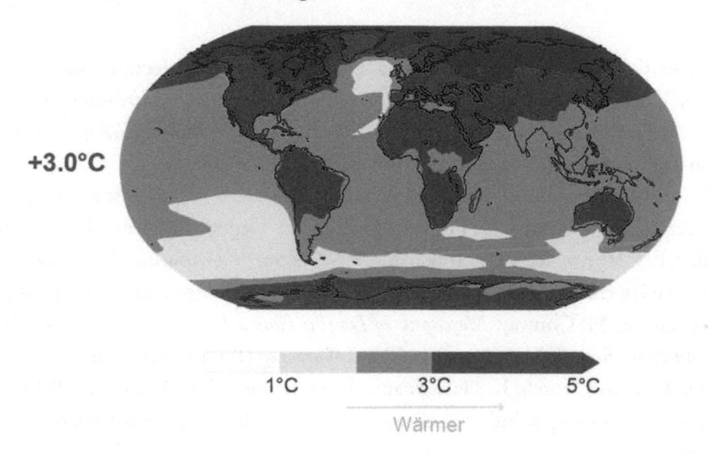

Abb. 4 Simulierte Änderung der Oberflächentemperatur, relativ zum zeitlichen Mittel über die Periode 1850 bis 1900, für eine simulierte globale Erwärmung von 3 Grad Celsius. Wir erkennen die deutlich stärkere Erwärmung der Arktis gegenüber dem Rest der Erde. Dieses Muster ist sehr robust und ändert sich kaum mit dem Grad der globalen Erwärmung.[5]

4 K. Hasselmann, "On the signal-to-noise problem in atmospheric response studies", in *Meteorology over the Tropical Oceans*, ed. D. B. Shaw (London: Royal Meteorological Society, 1979), 251–259.

5 Nach FAQ 4.3, Figure 1 in J. Y. Lee, J. Marotzke, G. Bala, L. Cao, S. Corti, J. P. Dunne, F. Engelbrecht, E. Fischer, J. C. Fyfe, C. Jones, A. Maycock, J. Mutemi, O. Ndiaye, S.

Hasselmanns ursprüngliche Arbeit[6] war ein zunächst wenig beachteter Beitrag in einem Konferenzband mit dem unspektakulären Titel „Meteorologie über den tropischen Ozeanen". Sie legte aber den Grundstein für eine atemberaubende Entwicklung, wie später in historischen Betrachtungen betont wurde.[7] Allerdings präsentierte die ursprüngliche Arbeit nur die Methode und keine konkrete Anwendung. Dazu mussten der Klimawandel fortschreiten, sich die Datenlage verbessern und die Klimamodelle weiterentwickelt werden. Die Entdeckung des menschlichen Fingerabdrucks im beobachteten Klimawandel geschah dann Mitte der 1990er, durch Hasselmann selbst oder aufbauend auf seinen Arbeiten. Zunächst wurde 1996 gezeigt, dass die Beobachtungen nicht durch Rauschen erklärbar waren – dies war die Entdeckung eines deterministischen Signals.[8] 1997 folgte dann die Zuschreibung – also der Nachweis, dass es die Treibhausgase waren und keine andere Ursache, die das detektierte Signal erzeugten.[9] Damit wurde der menschliche Fingerabdruck im beobachteten Klimawandel sichtbar gemacht. Die darauffolgenden Jahre haben diesen Nachweis immer weiter verstärkt, bis hin zur unzweideutigen Aussage im letzten IPCC-Bericht.[10]

Panickal, and T. Zhou, "Future global climate: Scenario-based projections and near-term information", in *Climate Change 2021: The Physical Science Basis. Contribution of Working Group I to the Sixth Assessment Report of the Intergovernmental Panel on Climate Change*, ed. V. Masson-Delmotte, et al. (Cambridge University Press, 2021).

6 Hasselmann, "On the signal-to-noise problem in atmospheric response studies", 251–259.

7 B. D. Santer, C. J. W. Bonfils, Q. Fu, J. C. Fyfe, G. C. Hegerl, C. Mears, J. F. Painter, S. Po-Chedley, F. J. Wentz, M. D. Zelinka, and C.-Z. Zou, "Celebrating the anniversary of three key events in climate change science", *Nature Climate Change* 9, no. 3 (2019): 180–182. N. Oreskes and E. M. Conway, *Merchants of Doubt: How a Handful of Scientists Obscured the Truth on Issues from Tobacco Smoke to Global Warming* (Bloomsbury, 2010).

8 G. C. Hegerl, H. von Storch, K. Hasselmann, B. D. Santer, U. Cubasch, and P. D. Jones, "Detecting greenhouse-gas-induced climate change with an optimal fingerprint method", *Journal of Climate* 9, no. 10 (1996): 2281–2306; B. D. Santer, K. E. Taylor, T. M. L. Wigley, T. C. Johns, P. D. Jones, D. J. Karoly, J. F. B. Mitchell, A. H. Oort, J. E. Penner, V. Ramaswamy, M. D. Schwarzkopf, R. J. Stouffer, and S. Tett, "A search for human influences on the thermal structure of the atmosphere", *Nature* 382, no. 6586 (1996): 39–46. Gabriele Hegerl war damals Doktorandin am MPI-M und Ben Santer vorher Postdoc bei Hasselmann.

9 G. C. Hegerl, K. Hasselmann, U. Cubasch, J. F. B. Mitchell, E. Roeckner, R. Voss, and J. Waszkewitz, "Multi-fingerprint detection and attribution analysis of greenhouse gas, greenhouse gas-plus-aerosol and solar forced climate change", *Climate Dynamics* 13, no. 9 (1997): 613–634.

10 IPCC, "Summary for Policymakers".

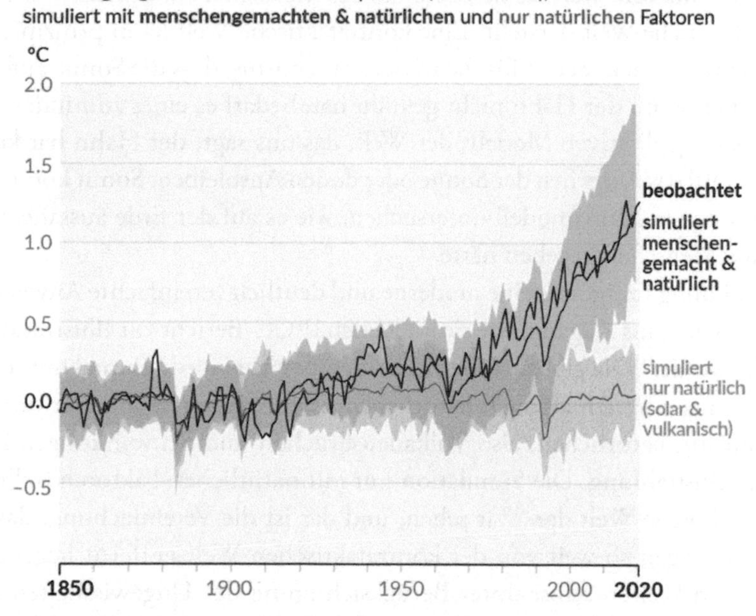

Abb. 5 Beobachtete (schwarz) und simulierte Änderung der globalen Oberflächentemperatur, relativ zum zeitlichen Mittel über die Periode 1850 bis 1900. Die Simulationen berücksichtigen einmal sowohl menschengemachte als auch natürliche Einflussfaktoren (braun) und einmal nur die natürlichen (grün, eine kontrafaktische Welt). Die Schattierung stellt eine Abschätzung für die Ungewissheit der Simulationen dar.[11]

2. Erkenntnistheoretische Herausforderungen im „Warum"

Hasselmanns Zugang wirft noch heute eine ganze Reihe von grundlegenden Fragen auf. Jegliches digitale Abbild der Welt ist fehlerbehaftet – geht es nicht ohne Modell? Und hier lautet die Antwort: „Nein!", wie eloquent von Judea Pearl dargelegt.[12] Wir können kein kontrolliertes Experiment mit einer zweiten Erde durchführen. Daher können wir die Ursache einer Wirkung nur dann identifizieren, wenn wir uns eine Welt ohne diese postulierte Ursache vorstellen und untersuchen, ob die Wirkung dann ebenfalls abwesend wäre. Konkret heißt das in unserem Fall, dass wir das Klima seit etwa 1850 in einem Modell

11 Nach Figure SPM.1b aus ibid.

12 J. Pearl, *Causality: Models, Reasoning, and Inference* (New York, NY: Cambridge University Press, 2000); J. Pearl and D. Mackenzie, *The Book of Why: The New Science of Cause and Effect* (New York: Basic Books, 2018).

darstellen müssen, welches den Einfluss des Menschen ausschließt – also eine kontrafaktische Welt darstellt. Eine kontrafaktische Welt kann prinzipiell nie beobachtet werden. Selbst für die triviale Erkenntnis, dass die Sonne aufgehen wird, auch wenn der Hahn nicht gekräht hat, bedarf es eines zumindest mentalen oder qualitativen Modells der Welt, das uns sagt, der Hahn hat keinen Einfluss auf das Aufgehen der Sonne oder dessen Ausbleiben. Somit können wir nur mit einem Klimamodell untersuchen, wie es auf der Erde aussähe, wenn es keine Menschen gegeben hätte.

Abbildung 5 zeigt uns eine moderne und deutlich vereinfachte Anwendung von Hasselmanns Zugang, wie sie im letzten IPCC-Bericht zur Illustration verwendet wurde.[13] Die globale Oberflächentemperatur wurde einmal mit sowohl menschengemachten als auch natürlichen Einflussfaktoren simuliert und einmal nur mit natürlichen, also Vulkanausbrüchen und Schwankungen in der Sonneneinstrahlung. Die Simulation nur mit natürlichen Faktoren stellt eine kontrafaktische Welt dar. Wir sehen, und das ist die Vereinfachung, dass die Beobachtungen so weit von der kontrafaktischen Welt entfernt liegen, dass die beiden Welten selbst unter Berücksichtigung der Ungewissheiten nicht miteinander in Einklang zu bringen sind. Wir benötigen kein formales statistisches Verfahren, um diese Diskrepanz zu erkennen – sie springt ins Auge. In den 1990er Jahren war diese Diskrepanz allerdings noch nicht durch bloßes Hinschauen zu etablieren.

Abbildung 5 weist uns auf eine andere erkenntnistheoretische Herausforderung hin: Woher wissen wir, dass die Modelle hinreichend gut sind, um sowohl den Unterschied zwischen faktischer und kontrafaktischer Welt – das Signal – als auch die Charakterisierung der Ungewissheit – das Rauschen – realitätsgetreu darstellen zu können? Beides ist wichtig, denn nur dann gelangen wir beim Vergleich von Signal und Rauschen zum richtigen Ergebnis. Aber da kontrafaktische Welten nicht beobachtbar sind, können wir die Simulationen nicht mit Hilfe von Beobachtungen einer unmittelbaren empirischen Überprüfung unterziehen.

Zum Glück stellt sich, wie so oft, das Problem in der Praxis als nicht so unüberwindlich dar, wie es vom Prinzipiellen her zu sein scheint (analog zum häufigen Vorgehen des Physikers, der etwas ausrechnet, auch wenn noch kein Mathematiker bewiesen hat, dass eine Lösung existiert). Zunächst ist seit langem etabliert, dass Modelle in den Geowissenschaften prinzipiell nicht im strengen Sinn als „wahre" Beschreibung der Natur etabliert werden können. Es sind

13 IPCC, "Summary for Policymakers".

niemals alle eigentlich notwendigen Informationen vorhanden, und es muss immer zu Hilfsannahmen gegriffen werden. Deshalb kann ein Modell durch empirische Tests zwar bestätigt, nicht aber im strengen Wortsinn „verifiziert" oder „validiert" werden.[14] Die Bestätigung sollte mit Blick darauf geschehen, wozu ein Modell verwendet werden soll; das Modell soll für die Anwendung angemessen sein (adequacy for purpose).[15]

Konkret fragen wir, ob wir insoweit Vertrauen in die Modelle haben, dass sie das vom Menschen verursachte Klimaänderungssignal sowie die Größenordnung des Rauschens realistisch wiedergeben. Klimamodelle beruhen im Kern auf Grundgesetzen der klassischen Physik. Die Atmosphärenkomponenten von heutigen Klimamodellen entsprechen in etwa den Wettervorhersagemodellen der späten 1980er Jahre, welche sich tausendfach bewährt haben, auch wenn die Wettervorhersagen damals längst nicht so gut waren wie heute. Einen anderen erkenntnistheoretischen Aspekt bezüglich des Vertrauens in Modelle werde ich später noch anführen. Zunächst möchte ich auf eine ganz neue Entwicklung eingehen, auf Grund derer unser Vertrauen in das simulierte Rauschen erheblich gestiegen ist.

Der Unsicherheitsbereich für die „natürlichen" Simulationen in Abbildung 5 ist ganz wesentlich von natürlichen Klimaschwankungen bestimmt, die sich wiederum aus zwei ganz unterschiedlichen Beiträgen zusammensetzen. Zunächst gibt es die Reaktion des Klimas auf natürliche Antriebsfaktoren wie die Schwankungen der Sonnenaktivität sowie Vulkanausbrüche. Quantitativ viel wichtiger ist allerdings, was wir „interne Variabilität" oder „Klimarauschen" nennen. Seit Edward Lorenz, dem Entdecker des Chaos als physikalisch-mathematisches Phänomen, wissen wir, dass das Wettergeschehen prinzipiell nicht länger als einige Wochen vorhersagbar ist, weil kleinste Ungewissheiten oder Störungen so stark anwachsen, dass die Vorhersage nach einigen Wochen vom Fehler dominiert wird. Diese Unvorhersagbarkeit, obwohl im Prinzip deterministisch, kann für viele praktische Fälle als stochastisch angesehen werden.[16]

---

14 N. Oreskes, K. Shrader-Frechette, and K. Belitz, "Verification, validation, and confirmation of numerical models in the Earth sciences", *Science* 263, no. 5147 (1994): 641–646.

15 W. S. Parker, "Confirmation and adequacy-for-purpose in climate modelling", *Aristotelian Society Supplementary Volume* 83, no. 1 (2009): 233–249.

16 C. E. Leith, "Climate response and fluctuation dissipation", *Journal of the Atmospheric Sciences* 32, no. 10 (1975): 2022–26; K. Hasselmann, "Stochastic climate models. Part I: Theory", *Tellus* 28 (1976): 473–485.

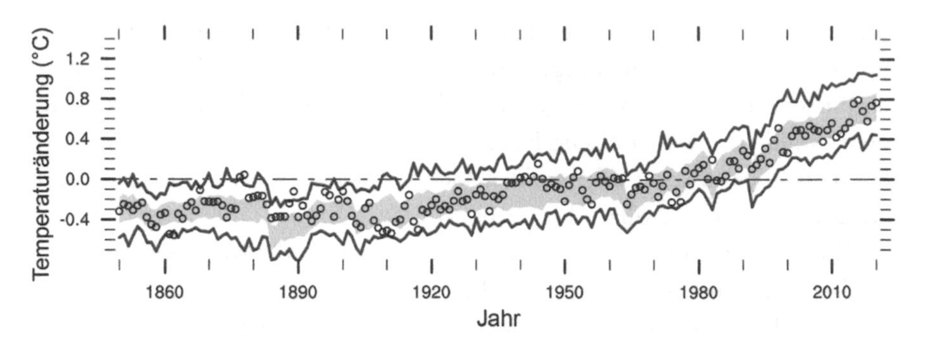

Abb. 6 Überprüfung der in einem Klimamodell simulierten Schwankungen. Der Unterschied der jährlichen Oberflächentemperatur zum zeitlichen Mittel über die Periode 1961 bis 1990 wurde 100 Mal simuliert. Die durchgezogenen Linien zeigen für jedes Jahr die höchste und die niedrigste Temperatur im Ensemble. Die Schattierung stellt das 75 %-Häufigkeitsperzentil dar, also für jedes Jahr die Temperaturänderung von Rang 13 bis Rang 87 unter den 100 Simulationen. Die schwarzen Kreise zeigen die beobachtete Temperaturänderung. Eine statistische Auswertung zeigt, dass sich die beobachteten Werte so in das Ensemble einfügen, wie man es erwartet, wenn beobachtete und simulierte Schwankungen gleich groß sind.[17]

Mitte der 1970er Jahre erkannten unabhängig voneinander Cecil Leith und Klaus Hasselmann, dass diese chaotischen Wettervariationen auch das Klima beeinflussen, ganz analog zur Brown'schen Bewegung, in der ein größeres Molekül („Klima") von atomaren Stößen („Wetter") zum Zittern gebracht wird.[18]

Die Darstellung der internen Klimavariabilität in einem sich wandelnden Klima hat in den letzten Jahren enorme Fortschritte gemacht. Die Simulation vergangenen und zukünftigen Klimas wurde viele Male für dasselbe Modell und denselben äußeren Antrieben durchgeführt, wobei lediglich die Anfangszustände für jede Einzelsimulation geringfügig geändert wurden. Unterschiedliche Mitglieder dieser so genannten „großen Ensembles" unterscheiden sich dann nur durch interne Variabilität.[19] Obwohl isolierte interne Variabilität

17 Nach Figure 3 aus L. Suarez-Gutierrez, S. Milinski, and N. Maher, "Exploiting large ensembles for a better yet simpler climate model evaluation", *Climate Dynamics* 57, no. 9–10 (2021): 2557–2580.

18 Leith, "Climate response and fluctuation dissipation"; Hasselmann, "Stochastic climate models. Part I: Theory".

19 J. E. Kay, C. Deser, A. Phillips, A. Mai, C. Hannay, G. Strand, J. M. Arblaster, S. C. Bates, G. Danabasoglu, J. Edwards, M. Holland, P. Kushner, J.-F. Lamarque, D. Lawrence, K. Lindsay, A. Middleton, E. Munoz, R. Neale, K. Oleson, L. Polvani, and M. Vertenstein, "The Community Earth System Model (CESM) Large Ensemble Project: A community resource for studying climate change in the presence of internal climate variability", *Bulletin of the American Meteorological Society* 96, no. 8 (2015): 1333–1349; N. Maher, S. Milinski, L.

eigentlich nicht beobachtbar ist, da das Klima niemals ohne äußere Störungen verläuft, konnte kürzlich umfassend gezeigt werden, dass das große Ensemble des Max-Planck-Instituts für Meteorologie[20] sowohl die langfristige Änderung der globalen Oberflächentemperatur seit 1850 als auch ihre kurzfristigen Schwankungen gut wiedergibt (Abbildung 6).[21] Daher halten wir dieses Modell trotz aller prinzipiellen Schwierigkeiten für geeignet, den Fingerabdruck des Menschen in der beobachteten globalen Erwärmung zu identifizieren.

3. Was wird wann als Folge weiterer Emissionen geschehen?

Ein weiterer wesentlicher Anwendungspunkt von Klimamodellen liegt in der Vorhersage, etwa zu Fragen wie: Welche weiteren Klimaänderungen sind zu erwarten, wenn wir bestimmte künftige Emissionen von CO_2 und anderen Treibhausgasen annehmen? Seit über dreißig Jahren werden zur Beantwortung solcher Fragen mit einer stets wachsenden Zahl von unterschiedlichen umfassenden Klimamodellen Vorhersagen durchgeführt (in der Fachwelt „Projektionen" genannt). Die wichtigste Eingangsgröße ist hierbei die angenommene Höhe künftiger CO_2-Emissionen (Abbildung 7a). Diese Emissionen basieren auf Szenarien, die wiederum auf Annahmen über künftige gesellschaftliche Entscheidungen beruhen. Für jede dieser möglichen Entscheidungslinien wird dann mit einem ökonomischen Modell das ökonomische Optimum berechnet, unter anderem die ökonomisch optimale Energieversorgung und die damit verbundenen Emissionen.

Suarez-Gutierrez, M. Botzet, M. Dobrynin, L. Kornblueh, J. Kröger, Y. Takano, R. Ghosh, C. Hedemann, C. Li, H. Li, E. Manzini, D. Notz, D. Putrasahan, L. Boysen, M. Claussen, T. Ilyina, D. Olonscheck, T. Raddatz, B. Stevens, and J. Marotzke, "The Max Planck Institute Grand Ensemble: Enabling the exploration of climate system variability", *Journal of Advances in Modeling Earth Systems* 11, no. 7 (2019): 2050–2069; C. Deser, F. Lehner, K. B. Rodgers, T. Ault, T. L. Delworth, P. N. DiNezio, A. Fiore, C. Frankignoul, J. C. Fyfe, D. E. Horton, J. E. Kay, R. Knutti, N. S. Lovenduski, J. Marotzke, K. A. McKinnon, S. Minobe, J. Randerson, J. A. Screen, I. R. Simpson, and M. Ting, "Insights from Earth system model initial-condition large ensembles and future prospects", *Nature Climate Change* 10, no. 4 (2020): 277–287.

20 Maher et al., "The Max Planck Institute Grand Ensemble: Enabling the exploration of climate system variability".

21 Suarez-Gutierrez, Milinski, and Maher, "Exploiting large ensembles for a better yet simpler climate model evaluation".

Die Szenarien umfassen einerseits eine Zukunft, in der die globalen CO_2-Emissionen ab 2020 abnehmen und kurz nach 2050 null erreichen, danach wird der Atmosphäre netto CO_2 entzogen (Szenario SSP1–1.9, Abbildung 7a). In einem weiteren Szenario beginnen die Emissionen ebenfalls sofort zu sinken, sie erreichen aber später null, nämlich in den 2070er Jahren (Szenario SSP1–2.6). Ein mittleres Szenario behält die gegenwärtige Emissionen bis nach der Mitte des Jahrhunderts in etwa bei, bevor sie sinken, ohne allerdings im 21. Jahrhundert null zu erreichen (SSP2–4.5). Zwei weitere Szenarien weisen praktisch stets steigende Emissionen auf (SSP3–7.0 und SSP5–8.5).

In IPCC-Berichten der Arbeitsgruppe I werden die Szenarien stets lediglich als Input benutzt; eine Bewertung der einzelnen Szenarien auf Plausibilität oder Machbarkeit findet dort nicht statt. Es wird also eine strenge „Wenn-dann"-Logik angewandt, und jede Aussage über die Zukunft ist auf ein bestimmtes Szenario konditioniert, außer etwas ist unabhängig vom Szenario. Es gibt einige wenige ganz neue Arbeiten, die das Eintreten des höchsten und des niedrigsten hier gezeigten Emissionsszenarios als unplausibel bewerten.[22] Darauf einzugehen würde allerdings in diesem Artikel, der sich Klimamodellen widmet, zu weit führen.

Die Klimaprojektionen liefern einige ganz klare Aussagen. Bleiben die CO_2-Emissionen bis zur Mitte des 21. Jahrhunderts auf dem heutigen hohen Stand oder steigen sogar, gibt es keine Chance, die Erwärmung auf unter 2 Grad Celsius oder sogar auf 1,5 Grad Celsius zu begrenzen und somit die Pariser Klimaziele einzuhalten. Im Gegenteil, bei sehr hohen Emissionen könnte die globale Erwärmung vier bis fünf Grad Celsius erreichen, also etwa so viel wie seit dem Höhepunkt der letzten Eiszeit bis heute – aber in einer viel kürzeren Zeit. Eine Begrenzung auf 2 Grad Celsius Erwärmung lässt sich mit recht hoher Wahrscheinlichkeit dann erzielen, wenn die Emissionen rasch sinken und um 2070 herum null erreichen, wie in Szenario SSP1–2.6. Aber selbst im ehrgeizigsten hier dargestellten Klimaschutzszenario SSP1–1.9 muss mit einem zumindest zeitweiligen Überschreiten der 1,5-Grad-Celsius-Marke gerechnet werden.

22 Z. Hausfather and G. P. Peters, "Emissions – the 'business as usual' story is misleading", *Nature* 577 (2020): 618–620; D. Stammer, A. Engels, J. Marotzke, E. Gresse, C. Hedemann, and J. Petzold, eds., *Hamburg Climate Futures Outlook 2021. Assessing the Plausibility of Deep Decarbonization by 2050* (Hamburg, Germany: Cluster of Excellence Climate, Climatic Change, and Society (CLICCS), 2021), Pages.

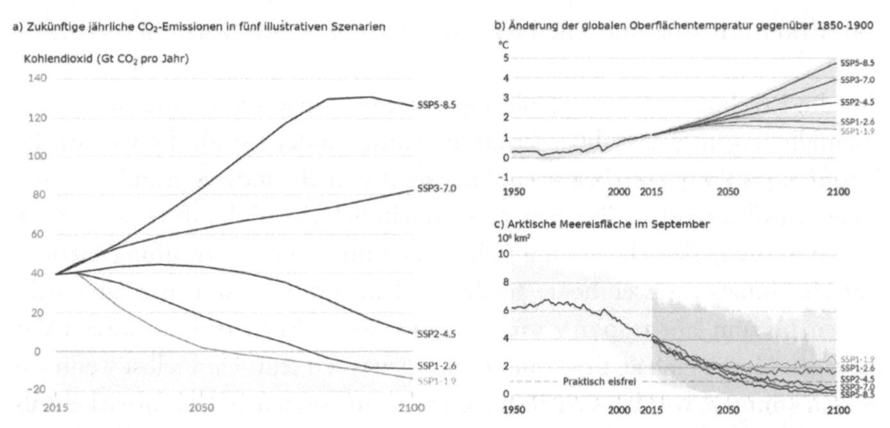

Abb. 7 (a) Jährliche CO_2-Emissionen in fünf Szenarien, die von Arbeitsgruppe I des Weltklimarats IPCC im sechsten Sachstandsbericht AR6 benutzt wurden. Die Zahl nach dem Kürzel SSP beschreibt den Satz an Annahmen über gesellschaftliche Entscheidungen (etwa: 1 für weltweiter Schwerpunkt auf nachhaltige Entwicklung, 5 für weltweiter Schwerpunkt auf Nutzen fossiler Brennstoffe). Die Zahl nach dem Bindestrich steht dafür, wie stark der menschengemachte Treibhauseffekt im Jahr 2100 in etwa sein wird. Dieser Wert wird in Watt pro Quadratmeter angegeben und als Strahlungsantrieb bezeichnet (siehe Abbildung 8). (b) Simulierte Änderung in der globalen Oberflächentemperatur von 1950 bis 2100, gegenüber dem Mittel über die Periode 1850 bis 1900. (c) Simulierte Fläche des Arktischen Meereises im September, dem Minimum im Jahresgang. Die durchgezogenen Linien stellen die beste Schätzung dar, die Schattierung den Unsicherheitsbereich für die Periode bis 2014, während derer die beobachtete Zusammensetzung der Erdatmosphäre benutzt wird (grau), und die Szenarien SSP1–2.6 (dunkelblau) und SSP3–7.0 (rot). In die Änderung der globalen Oberflächentemperatur gehen nicht nur die Simulationen mit Klimamodellen ein, sondern auch andere Beweislinien wie beobachtete Erwärmung der letzten Jahrzehnte sowie Information über die Empfindlichkeit des Klimas gegenüber CO_2-Änderungen.[23]

Die Fläche des Arktischen Meereises im September, sozusagen dem Hochsommer des Ozeans, folgt im Prinzip auf umgekehrter Weise der globalen Erwärmung. Je stärker die globale Erwärmung, desto mehr Meereis schmilzt, und weniger Meereis verbleibt. Allerdings überlappen sich die Ergebnisse für verschiedene Szenarien deutlicher als sie dies für die globale Oberflächentemperatur tun. Und wir sehen, dass selbst bei sehr schneller Reduktion der CO_2-Emissionen das Eis noch weiter dramatisch schrumpfen wird; fast unvermeidlich werden ab dem Jahr 2050 einzelne Jahre im September praktisch eisfrei sein.

23 Nach Figure SPM.4a und Figure SPM.8a,b aus IPCC, "Summary for Policymakers".

4. Erkenntnistheoretische Herausforderungen im „Was und wann?“

Für die Ergebnisse, die in Abbildung 7 dargestellt werden, müssen wir uns ebenfalls fragen, wie realitätsgetreu die Klimamodelle sind, die wir für die langfristigen Prognosen benutzen. Hier stellt sich ein anderes grundsätzliches erkenntnistheoretisches Problem, dass wir nämlich eine Zukunft verlässlich darstellen müssen, die sich der unmittelbaren empirischen Überprüfung entzieht. Entscheidungen müssen heute gefällt werden, und wir können es uns nicht leisten, bis zum Jahr 2100 zu warten, um uns vor der Entscheidung unserer Vorhersagen für die globale Erwärmung ganz gewiss zu sein. Und selbst wenn wir warten könnten, würden sich die wirklichen Emissionen anders entwickeln als in den Szenarien dargestellt. Wir wären uns also nicht sicher, ob Abweichungen von der Vorhersage auf die unterschiedlichen Emissionen zurückzuführen sind oder auf Fehler im Modell.

Auch hier behilft sich die Wissenschaft mit pragmatischen statt idealen Lösungswegen. Wir überprüfen, inwieweit Modelle die Vergangenheit realistisch darstellen können. In jedem IPCC-Bericht gab es umfangreiche Kapitel oder Teilkapitel zur Modellevaluation.[24] Wie aussagekräftig die Evaluation eines vergangenen Klimazustands für die Zukunft ist, kann hierbei nicht abschließend geklärt werden. Aber auch hier ist die Angemessenheit des Modells für den Zweck entscheidend.[25] Ferner tragen die oben schon gemachten Aussagen zur Vertrauensbildung bei, dass die Modelle in ihrem Kern auf den bekannten Naturgesetzen beruhen und dass die atmosphärischen Komponenten früher für erfolgreiche Wettervorhersagen benutzt wurden.

Mittlerweile haben wir fast fünfzig Jahre Erfahrung in Vorhersagen für die globale Oberflächentemperatur, die mit unterschiedlich umfassenden

---

24 z. B. G. Flato, J. Marotzke, B. Abiodun, P. Braconnot, S. C. Chou, W. Collins, P. Cox, F. Driouech, S. Emori, V. Eyring, C. Forest, P. Gleckler, E. Guilyardi, C. Jakob, V. Kattsov, C. Reason, and M. Rummukainen, “Evaluation of climate models”, in *Climate Change 2013: The Physical Science Basis. Contribution of Working Group I to the Fifth Assessment Report of the Intergovernmental Panel on Climate Change*, ed. T. F. Stocker, et al. (Cambridge, United Kingdom and New York, NY, USA: Cambridge University Press, 2013), 741–866; V. Eyring, N. P. Gillett, K. M. Achuta Rao, R. Barimalala, M. Barreiro Parrillo, N. Bellouin, C. Cassou, P. J. Durack, Y. Kosaka, S. McGregor, S. Min, O. Morgenstern, and Y. Sun, “Human influence on the climate system”, in *Climate Change 2021: The Physical Science Basis. Contribution of Working Group I to the Sixth Assessment Report of the Intergovernmental Panel on Climate Change*, ed. V. Masson-Delmotte, et al. (Cambridge University Press, 2021).

25 Parker, “Confirmation and adequacy-for-purpose in climate modelling”.

Klimamodellen durchgeführt wurden. Eine kürzlich durchgeführte umfangreiche Metastudie kommt zu dem Schluss, dass diese Vorhersagen innerhalb der Ungewissheiten konsistent mit der anschließenden tatsächlichen Entwicklung waren, falls man den Unterschied zwischen angenommenen und tatsächlichen Emissionen bei der Quantifizierung der Ungewissheiten berücksichtigt.[26]

Es gibt aber noch einen anderen und für viele in der Klimaforschung Aktive vielleicht entscheidenden Grund, warum wir großes Vertrauen in die Fähigkeit der Klimamodelle haben, die grundlegenden Elemente der globalen Erwärmung richtig darzustellen. Wir verstehen, warum die Modelle tun, was sie tun – verstehen jetzt im Sinne von „Wir haben eine robuste Intuition für ihr Verhalten." Der Klimaforscher Isaac Held drückte das 2005 so aus: „Sollen wir uns bemühen, Klimamodelle von bleibendem Wert zu erschaffen? Oder sollen wir als unvermeidlich akzeptieren, dass unsere Modelle mit wachsender Computerleistung veralten?" Er plädiert für ersteres. Schaut man sich an, wofür genau Suki Manabe den Physik-Nobelpreis erhielt, sieht man, dass das Nobelpreiskomitee Isaac Held zustimmt. Diesen Zusammenhang möchte ich im Folgenden erläutern.

Es gibt fundamental unterschiedliche Varianten von Klimamodellen, und ein anderer Ausdruck für Modelle, die bleibenden Wert haben könnten, wäre „konzeptuelles Modell". In einem solchen versuchen wir nicht, möglichst viel der Komplexität des Klimasystems darzustellen, sondern wir fokussieren uns auf ein oder sehr wenige Kernelemente, die wir darstellen wollen.

Abbildung 8 zeigt ein wichtiges Beispiel für ein konzeptuelles Modell. Es stellt die entscheidende Verbindung zwischen zusätzlichem menschengemachtem Treibhauseffekt und Oberflächenerwärmung dar. Der zusätzliche Treibhauseffekt durch CO_2 bewirkt, dass Energie im Klimasystem zurückgehalten wird. Die Menge wird durch den Strahlungsantrieb R_F dargestellt, in Watt pro Quadratmeter Erdoberfläche. Als Folge erwärmt sich die Oberfläche, im globalen Mittel steigt die Oberflächentemperatur um DT_S. Dies hat zwei zusätzliche vertikale Energietransporte zur Folge. Erstens wird zusätzlich Energie in den Weltraum abgestrahlt, und zwar um einen Betrag, der proportional zur Oberflächenerwärmung ist. Zweitens wird zusätzlich Energie in den tieferen Ozean transportiert, was zu einer Erwärmung des tiefen Ozeans führt, die allerdings wesentlich langsamer voranschreitet als die Oberflächenerwärmung.

26 Z. Hausfather, H. F. Drake, T. Abbott, and G. A. Schmidt, "Evaluating the performance of past climate model projections", *Geophysical Research Letters* 47, no. 1 (2020).

Dieses so genannte Energiebilanzmodell sagt uns jedoch noch mehr: Die zusätzliche Energie, die der Strahlungsantrieb dem System zuführt, kann nur einmal benutzt werden. Sie kann den Energieinhalt der Oberflächenschicht erhöhen, an den tiefen Ozean abgegeben oder in den Weltraum zurückgestrahlt werden. Das Naturgesetz der Energieerhaltung sagt uns, dass diese drei Beiträge in ihrer Summe genau dem Strahlungsantrieb entsprechen müssen.

So einfach dieses Modell ist – es geht nicht auf die hohe Komplexität ein, mit der die veränderte Zusammensetzung der Erdatmosphäre mit dem Strahlungsantrieb verbunden ist oder die Oberflächenerwärmung mit der zusätzlichen Abstrahlung in den Weltraum – so ungeheuer nützlich ist das Modell sowohl qualitativ als auch quantitativ. Auf die quantitative Seite kann ich hier kaum eingehen, möchte aber qualitativ ein Gedankenexperiment durchspielen. Stellen wir uns einen zeitlich konstanten Strahlungsantrieb R_F vor, etwa dadurch, dass wir die CO_2-Konzentration in der Atmosphäre verdoppelt haben. Dann liegt zunächst die Situation vor, wie in Abbildung 8 dargestellt: Die Oberfläche wird wärmer, und zusätzliche Energie wird aus der Oberflächenschicht sowohl nach unten, in den tieferen Ozean, als auch nach oben, in den Weltraum, transportiert.

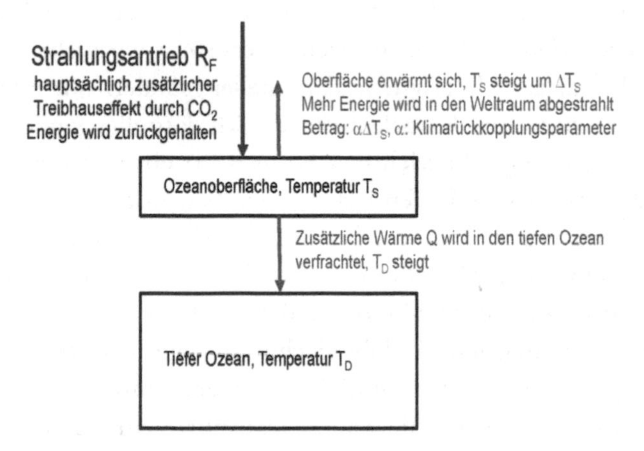

Abb. 8 Ein konzeptuelles Klimamodell, das die Grundzüge der menschengemachen globalen Erwärmung darstellt. Dieses Modell ist nützlich für das intuitive Verständnis und wird für wesentliche Teile im IPCC AR6 verwendet.[27]

27 Für Kontext und Anwendungen, siehe Lee et al., "Future global climate: Scenario-based projections and near-term information".

Irgendwann aber, nach vielen Jahrhunderten, hat die Erwärmung des tiefen Ozeans die der Oberfläche eingeholt. Dann befindet sich der tiefe Ozean in einem neuen Gleichgewicht und erhält keine zusätzliche Wärme mehr. Im Gleichgewicht verändert sich auch der Energieinhalt der Oberflächenschicht nicht mehr, und somit muss die Rückstrahlung in den Weltraum genau dem Strahlungsantrieb entsprechen. Das wiederum sagt uns, dass wir die Oberflächenerwärmung im Gleichgewicht bestimmen können, falls wir den Strahlungsantrieb und den Proportionalitätsfaktor zwischen Oberflächenerwärmung und zusätzlicher Abstrahlung in den Weltraum kennen. Im neuen Gleichgewicht muss gelten $R_F=\alpha\Delta T_S$, und somit ist dann die Temperaturerhöhung $\Delta T_S=R_F/\alpha$.

Für eine angenommene Verdoppelung der CO_2-Konzentration ist der Strahlungsantrieb recht genau bekannt. Er beträgt etwa 4 Watt für jeden Quadratmeter. Jetzt müssten wir nur noch den Faktor α kennen, und wir wüssten genau, wie empfindlich das Klima auf CO_2-Emissionen durch die Menschen reagiert. Leider ist die Bestimmung von α sehr schwierig und mit großen Ungewissheiten besetzt. Dennoch zeigt uns das einfache Modell in Abbildung 8, wie wir über einige grundlegende Prozesse der Klimaphysik nachdenken können und sollen.

Die globale (Gleichgewichts-)Oberflächenerwärmung bei einer angenommenen Verdoppelung der CO_2-Konzentration wird (Gleichgewichts-)Klimasensitivität genannt. Seit der spätere Chemie-Nobelpreisträger Svante Arrhenius 1896 die erste Abschätzung zur Klimasensitivität veröffentlichte,[28] hat sie sich zur wichtigsten Kenngröße der Klimaphysik entwickelt. Zur Verdeutlichung: Die beiden Unsicherheitsbereiche in Abbildung 7b werden von der Ungewissheit in der Klimasensitivität dominiert. Um das Ausmaß künftiger globaler Erwärmung abschätzen zu können, brauchen wir also in erster Linie einerseits Kenntnis über künftige CO_2-Emissionen und andererseits Kenntnis über Klimasensitivität.

Damit nähern wir uns dem bahnbrechenden Beitrag des anderen Nobelpreisträgers von 2021, Suki Manabe. Manabe ging der fundamentalen Frage nach, welche Prozesse unverzichtbar sind, wenn man die Klimasensitivität – und somit die Folgen einer Erhöhung der CO_2-Konzentration in der Atmosphäre – theoretisch vorhersagen will. Manabe fasste diese Prozesse unter den

---

28 S. Arrhenius, "XXXI. On the influence of carbonic acid in the air upon the temperature of the ground", *The London, Edinburgh, and Dublin Philosophical Magazine and Journal of Science* 41, no. 251 (1896): 237–276.

damals vergleichsweise bescheidenen Umständen in numerischen Modellen zusammen und leitete daraus die wichtigsten Ergebnisse her. Bis dahin war die Bestimmung der Klimasensitivität immer als reines Problem des vertikalen Strahlungstransports angesehen worden. Im Kern betraf dies also den Transport kurzwelliger Sonnenstrahlung nach unten und den Transport langwelliger, terrestrischer Strahlung nach oben. Um nicht ungerecht zu sein: Es dauerte bis Anfang der 1960er Jahre, bis dieser Strahlungsteil einigermaßen zuverlässig berechnet werden konnte,[29] insofern war die detaillierte Ausarbeitung des Strahlungstransports nach CO_2-Verdoppelung eine wichtige Leistung.

Es muss aber weit mehr als nur der Strahlungstransport berücksichtigt werden. Manabe erkannte, wie essentiell die Konvektion, der rasche vertikale Austausch durch Strömungen, für das Problem war, und er vermochte auch eine angemessen vereinfachte Darstellung in ein konzeptuelles Modell einzubauen.[30] Das Modell war deutlich komplizierter als das in Abbildung 8, aber viel einfacher als die heutigen umfassenden Modelle; insbesondere wurde die Atmosphäre als eine einzige vertikale Säule dargestellt, ohne die horizontale Inhomogenität der Atmosphäre darzustellen. Der Schlussstein in der Sequenz von Manabes konzeptuellen Überlegungen ergab sich aus der empirisch gut belegten Erkenntnis, dass die Atmosphäre zu einigermaßen konstanter relativer Feuchte tendiert, also einem konstanten Bruchteil an Wasserdampf gegenüber der bei einer bestimmten Temperatur theoretisch möglichen Menge. Daraus resultiert eine der wichtigsten verstärkenden Rückkopplungen im Klimasystem, dass nämlich bei höherer Temperatur mehr Wasserdampf in der Atmosphäre vorhanden ist und durch das zusätzliche Treibhausgas Wasserdampf die Erwärmung verstärkt wird.[31]

Diese konzeptuelle Entwicklung – Strahlung, Konvektion und konstante relative Feuchte – ist bis heute das Grundgerüst jeder physikalischen Charakterisierung der atmosphärischen Reaktion auf erhöhte CO_2-Konzentrationen. Manabe erhielt eine Klimasensitivität von ungefähr 2,3 Grad Celsius. Dieser Wert wird heute noch als der ungefähre Beitrag aus den genannten Prozessen akzeptiert. Was fehlte, war der Beitrag der Wolken zur gesamten Rückkopplung.

---

29 von Manabe selbst, zusammen mit dem Deutschen Fritz Möller, S. Manabe and F. Möller, "On the radiative equilibrium and heat balance of the atmosphere", *Monthly Weather Review* 89, no. 12 (1961): 503–532.

30 S. Manabe and R. F. Strickler, "Thermal equilibrium of the atmosphere with a convective adjustment", *Journal of the Atmospheric Sciences* 21, no. 4 (1964): 361–385.

31 S. Manabe and R. T. Wetherald, "Thermal equilibrium of the atmosphere with a given distribution of relative humidity", ibid.50 (1967): 241–259.

Heute sind wir ziemlich sicher, dass der Beitrag verstärkend ist, insofern ist die Klimasensitivität wahrscheinlich größer als 2,3 Grad Celsius.[32] Aber um auf die oben erwähnte Frage von Isaac Held zurückzukommen: Manabe erstellte ein konzeptuelles Modell, das noch heute Bestand hat, und deshalb wurde er 2021 mit dem Nobelpreis geehrt.

So erfolgreich die konzeptuellen Modelle waren und auch heute noch sind, es bleibt eine schwierige erkenntnistheoretische Frage zu beantworten: Wann ist ein solches Modell gut? Der übliche empirische Test ergibt meistens keinen Sinn – das Modell ist so vereinfacht, dass eine Überprüfung mit Messungen trivialerweise zur Falsifizierung führen würde. Mir ist kein allgemeingültiger Zugang bekannt, um die Qualität eines solches Modells zu bewerten, außer der eher diffusen Charakterisierung als „nützlich" zum intuitiven Verständnis umfassenderer Modelle oder der Wirklichkeit. Was aber für die eine Person nützlich erscheint, muss nicht für andere gelten, und so verbleibt weiterhin eine offene Frage.

5. Resümee

Klimamodelle sind nicht nur unverzichtbar für einen wissensbasierten Umgang mit dem menschengemachten Klimawandel, sie ermöglichen es uns auch, fundamentale und, wie ich finde, faszinierende physikalische und erkenntnistheoretische Fragen zu stellen. Die wichtigsten physikalischen Fragen zu entwickeln und zu beantworten, kulminierte vorläufig im Physik-Nobelpreis 2021 an Klaus Hasselmann und Syukuro Manabe.

Literatur

Arrhenius, S. "XXI. On the influence of carbonic acid in the air upon the temperature of the ground." *The London, Edinburgh, and Dublin Philosophical Magazine and Journal of Science* 41, no. 251 (1896/04/01 1896): 237–276.

32 P. Forster, T. Storelvmo, K. Armour, W. Collins, J. L. Dufresne, D. Frame, D. J. Lunt, T. Mauritsen, M. D. Palmer, M. Watanabe, M. Wild, and H. Zhang, "The Earth's energy budget, climate feedbacks, and climate sensitivity", in *Climate Change 2021: The Physical Science Basis. Contribution of Working Group I to the Sixth Assessment Report of the Intergovernmental Panel on Climate Change*, ed. V. Masson-Delmotte, et al. (Cambridge University Press, 2021).

Deser, C., F. Lehner, K. B. Rodgers, T. Ault, T. L. Delworth, P. N. DiNezio, A. Fiore, *et al.* "Insights from Earth system model initial-condition large ensembles and future prospects." *Nature Climate Change* 10, no. 4 (Apr 2020): 277–287.

Eyring, V., N. P. Gillett, K. M. Achuta Rao, R. Barimalala, M. Barreiro Parrillo, N. Bellouin, C. Cassou, *et al.* "Human influence on the climate system." In *Climate Change 2021: The Physical Science Basis. Contribution of Working Group I to the Sixth Assessment Report of the Intergovernmental Panel on Climate Change*, edited by V. Masson-Delmotte, P. Zhai, A. Pirani, S. L. Connors, C. Péan, S. Berger, N. Caud, *et al.*: Cambridge University Press, 2021.

Flato, G., J. Marotzke, B. Abiodun, P. Braconnot, S. C. Chou, W. Collins, P. Cox, *et al.* "Evaluation of climate models." In *Climate Change 2013: The Physical Science Basis. Contribution of Working Group I to the Fifth Assessment Report of the Intergovernmental Panel on Climate Change*, edited by T. F. Stocker, D. Qin, G.-K. Plattner, M. Tignor, S. K. Allen, J. Boschung, A. Nauels, *et al.*, 741–866. Cambridge, United Kingdom and New York, NY, USA: Cambridge University Press, 2013.

Forster, P., T. Storelvmo, K. Armour, W. Collins, J. L. Dufresne, D. Frame, D. J. Lunt, *et al.* "The Earth's energy budget, climate feedbacks, and climate sensitivity." In *Climate Change 2021: The Physical Science Basis. Contribution of Working Group I to the Sixth Assessment Report of the Intergovernmental Panel on Climate Change*, edited by V. Masson-Delmotte, P. Zhai, A. Pirani, S. L. Connors, C. Péan, S. Berger, N. Caud, *et al.*: Cambridge University Press, 2021.

Gulev, S. K., P. W. Thorne, J. Ahn, F. J. Dentener, C. M. Domingues, S. Gerland, D. Gong, *et al.* "Changing state of the climate system." In *Climate Change 2021: The Physical Science Basis. Contribution of Working Group I to the Sixth Assessment Report of the Intergovernmental Panel on Climate Change*, edited by V. Masson-Delmotte, P. Zhai, A. Pirani, S. L. Connors, C. Péan, S. Berger, N. Caud, *et al.*: Cambridge University Press, 2021.

Hasselmann, K. "On the signal-to-noise problem in atmospheric response studies." In *Meteorology over the Tropical Oceans*, edited by D. B. Shaw, 251–259. London: Royal Meteorological Society, 1979.

Hasselmann, K. "Stochastic climate models. Part I: Theory." *Tellus* 28 (1976): 473–485.

Hausfather, Z., H. F. Drake, T. Abbott, and G. A. Schmidt. "Evaluating the performance of past climate model projections." *Geophysical Research Letters* 47, no. 1 (Jan 16 2020).

Hausfather, Z., and G. P. Peters. "Emissions – the 'business as usual' story is misleading." *Nature* 577 (2020): 618–620.

Hegerl, G. C., K. Hasselmann, U. Cubasch, J. F. B. Mitchell, E. Roeckner, R. Voss, and J. Waszkewitz. "Multi-fingerprint detection and attribution analysis of greenhouse gas, greenhouse gas-plus-aerosol and solar forced climate change." *Climate Dynamics* 13, no. 9 (Sep 1997): 613–634.

Hegerl, G. C., H. von Storch, K. Hasselmann, B. D. Santer, U. Cubasch, and P. D. Jones. "Detecting greenhouse-gas-induced climate change with an optimal fingerprint method." *Journal of Climate* 9, no. 10 (Oct 1996): 2281–2306.

IPCC. "Summary for Policymakers." In *Climate Change 2021: The Physical Science Basis. Contribution of Working Group I to the Sixth Assessment Report of the Intergovernmental Panel on Climate Change*, edited by V. Masson-Delmotte, P. Zhai, A. Pirani, S. L. Connors, C. Péan, S. Berger, N. Caud, *et al.*, 2021.

Kay, J. E., C. Deser, A. Phillips, A. Mai, C. Hannay, G. Strand, J. M. Arblaster, *et al.* "The Community Earth System Model (CESM) Large Ensemble Project: A community resource for studying climate change in the presence of internal climate variability." *Bulletin of the American Meteorological Society* 96, no. 8 (2015): 1333–1349.

Lee, J. Y., J. Marotzke, G. Bala, L. Cao, S. Corti, J. P. Dunne, F. Engelbrecht, *et al.* "Future global climate: Scenario-based projections and near-term information." In *Climate Change 2021: The Physical Science Basis. Contribution of Working Group I to the Sixth Assessment Report of the Intergovernmental Panel on Climate Change*, edited by V. Masson-Delmotte, P. Zhai, A. Pirani, S. L. Connors, C. Péan, S. Berger, N. Caud, *et al.*: Cambridge University Press, 2021.

Leith, C. E. "Climate response and fluctuation dissipation." *Journal of the Atmospheric Sciences* 32, no. 10 (1975 1975): 2022–2026.

Maher, N., S. Milinski, L. Suarez-Gutierrez, M. Botzet, M. Dobrynin, L. Kornblueh, J. Kröger, *et al.* "The Max Planck Institute Grand Ensemble: Enabling the exploration of climate system variability." *Journal of Advances in Modeling Earth Systems* 11, no. 7 (2019): 2050–2069.

Manabe, S., and F. Möller. "On the radiative equilibrium and heat balance of the atmosphere." *Monthly Weather Review* 89, no. 12 (01 Dec. 1961 1961): 503–532.

Manabe, S., and R. F. Strickler. "Thermal equilibrium of the atmosphere with a convective adjustment." *Journal of the Atmospheric Sciences* 21, no. 4 (1964 1964): 361–85.

Manabe, S., and R. T. Wetherald. "Thermal equilibrium of the atmosphere with a given distribution of relative humidity." *Journal of the Atmospheric Sciences* 50 (1967): 241–259.

Oreskes, N., and E. M. Conway. *Merchants of Doubt: How a Handful of Scientists Obscured the Truth on Issues from Tobacco Smoke to Global Warming.* Bloomsbury, 2010.

Oreskes, N., K. Shrader-Frechette, and K. Belitz. "Verification, validation, and confirmation of numerical models in the Earth sciences." *Science* 263, no. 5147 (Feb 4 1994): 641–646.

Parker, W. S. "Confirmation and adequacy-for-purpose in climate modelling." *Aristotelian Society Supplementary Volume* 83, no. 1 (2009): 233–249.

Pearl, J. *Causality: Models, Reasoning, and Inference.* New York, NY: Cambridge University Press, 2000.

Pearl, J., and D. Mackenzie. *The Book of Why: The New Science of Cause and Effect.* New York: Basic Books, 2018.

Santer, B. D., C. J. W. Bonfils, Q. Fu, J. C. Fyfe, G. C. Hegerl, C. Mears, J. F. Painter, *et al.* "Celebrating the anniversary of three key events in climate change science." *Nature Climate Change* 9, no. 3 (2019/03/01 2019): 180–182.

Santer, B. D., K. E. Taylor, T. M. L. Wigley, T. C. Johns, P. D. Jones, D. J. Karoly, J. F. B. Mitchell, *et al.* "A search for human influences on the thermal structure of the atmosphere." *Nature* 382, no. 6586 (Jul 4 1996): 39–46.

Stammer, D., A. Engels, J. Marotzke, E. Gresse, C. Hedemann, and J. Petzold, eds. *Hamburg Climate Futures Outlook 2021. Assessing the Plausibility of Deep Decarbonization by 2050.* Hamburg, Germany: Cluster of Excellence Climate, Climatic Change, and Society (CLICCS), 2021.

Suarez-Gutierrez, L., S. Milinski, and N. Maher. "Exploiting large ensembles for a better yet simpler climate model evaluation." *Climate Dynamics* 57, no. 9–10 (Nov 2021): 2557–2580.

Autor:innenverzeichnis

UNIV.-PROF. DR. GABRIELE BRANDSTETTER
Professorin für Tanz- und Theaterwissenschaften, Freie Universität Berlin, Institut für Theaterwissenschaft, Grunewaldstraße 35, D-12165 Berlin

UNIV.-PROF. DR. AXEL GELFERT
Professor für Theoretische Philosophie, Technische Universität Berlin, Fakultät I – Geistes- und Bildungswissenschaften, Institut für Philosophie, Literatur, Wissenschafts- und Technikgeschichte, Straße des 17. Juni 135, D-10623 Berlin

UNIV.-PROF. DR. DR. H. C. LETICIA GONZÁLEZ
Professorin für Theoretische Chemie, Universität Wien, Institut für Theoretische Chemie, Währinger Straße 17, A-1090 Wien

UNIV.-PROF. DR. JOCHEM MAROTZKE
Direktor am Max-Planck-Institut für Meteorologie in Hamburg, Bundesstraße 53, D-20146 Hamburg

DR. BERNHARD NESSLER
Software Competence Center Hagenberg GmbH, Softwarepark 32a, A-4232 Hagenberg

UNIV.-PROF. DDR. STEFAN THURNER
Professor für die Wissenschaft Komplexer Systeme, Medizinische Universität Wien und Leiter des Complexity Science Hub Vienna (CSH), CSH Vienna, Josefstädter Straße 39, A-1080 Wien

PRIV.-DOZ. DR. ELISABETH TRINKL
Dozentin für Klassische Archäologie, Universität Graz, Institut für Antike, Fachbereich Archäologie, Universitätsplatz 3/II, A-8010 Graz

UNIV.-PROF. (I. R.) DR. KLAUS G. TROITZSCH
Professor (i. R.) für Informatikanwendungen in den Sozialwissenschaften, Universität Koblenz-Landau, Institut für Wirtschafts- und Verwaltungsinformatik, Universitätsstraße 1, D-56070 Koblenz-Metternich bzw. Fortstraße 7, D-7682 Landau

Anschrift der Herausgeber:innen:
Österreichische Forschungsgemeinschaft
Berggasse 25, A-1092 Wien
oefg@oefg.at